互联网口述历史
第 1 辑
英雄创世记

05

真正的“互联网之父”

路易斯·普赞

Louis Pouzin

主编

方兴东

中信出版集团 | 北京

图书在版编目（CIP）数据

路易斯·普赞：真正的“互联网之父”/方兴东主编. -- 北京：中信出版社, 2021.4
（互联网口述历史. 第1辑, 英雄创世记）
ISBN 978-7-5217-1313-8

Ⅰ. ①路… Ⅱ. ①方… Ⅲ. ①互联网络－普及读物②路易斯·普赞－访问记 Ⅳ. ①TP393.4-49 ②K835.656.16

中国版本图书馆CIP数据核字（2019）第294875号

路易斯·普赞：真正的“互联网之父”
（互联网口述历史第1辑·英雄创世记）

主　　编：方兴东
出版发行：中信出版集团股份有限公司
（北京市朝阳区惠新东街甲4号富盛大厦2座　邮编　100029）
承 印 者：北京诚信伟业印刷有限公司

开　　本：787mm×1092mm　1/32　　印　　张：3.75　　字　　数：50千字
版　　次：2021年4月第1版　　印　　次：2021年4月第1次印刷
书　　号：ISBN 978-7-5217-1313-8
定　　价：256.00元（全8册）

服务热线：400-600-8099
投稿邮箱：author@citicpub.com

Internet and all its successors (new internet)
are a nervous system providing control and
communications between live and mechanical systems
of the world. As any complex systems they must be designed
by experts, and repaired when they do not work to
satisfaction. They are part of our life, and we should
endeavour to put our expertise to make them safe and
efficient.

Louis Pouzin
19.12-2017

互联网及其所有继任者（新互联网）是一个神经系统，为世界的生命系统和机械系统提供控制和交流。与任何复杂的系统一样，它们须由专家设计，并在其工作不畅时及时修复。它们是我们生活的一部分，我们理应倾注我们的专业使其更加安全和高效。

路易斯·普赞

2017年12月19日

路易斯·普赞在互联网实验室接受采访

互联网口述历史团队

学 术 支 持：浙江大学传媒与国际文化学院
学术委员会主席：曼纽尔·卡斯特（Manuel Castells）
主 编：方兴东
编 委：倪光南 熊澄宇 田 涛 王重鸣
吴 飞 徐忠良

访 谈 策 划：方兴东
主 要 访 谈：方兴东 钟 布
战 略 合 作：高忆宁 马 杰 任喜霞
整 理 编 辑：李宇泽 彭筱军 朱晓旋 吴雪琴
于金琳
访 谈 组：范媛媛 杜运洪
研 究 支 持：钟祥铭 严 峰 钱 竑
技 术 支 持：胡炳妍 唐启胤
传 播 支 持：李 可 张雅琪

牵 头 执 行：

学术支持单位：

浙江傳媒學院
COMMUNICATION
UNIVERSITY
OF ZHEJIANG

浙江大学社会治理研究院

互联网与社会研究院

特 别 致 谢：

本项目为2018年度国家社科基金重大项目“全球互联网50年发展历程、规律和趋势的口述史研究”（项目编号：18ZDA319）的阶段性成果。

目　录

总序　人类数字文明缔造者群像

方兴东

“互联网口述历史”项目发起人

新冠疫情下，数字时代加速到来。要真正迎接数字文明，我们既要站在世界看互联网，更要观往知来。1994 年，中国正式接入互联网，至那一年，互联网已经整整发展了 25 年。也就是说，我们中国缺席了互联网 50 年的前半程。这也是“互联网口述历史”项目的重要触动点之一。

“互联网口述历史”项目从 2007 年正式启动以来，到 2019 年互联网诞生 50 周年之际，完成了访谈全球 500 位互联网先驱和关键人物的第一阶段目标，覆盖了 50 多个国家和地区，基本上涵盖了互联网的全球面貌。2020 年，我们开始进入第二阶段，除了继续访谈，扩大至更多的国家和地区，我们更多的精力将集中在访谈成果的陆续整理上，图书出版就是其中的成果之一。

通过口述历史，我们可以清晰地感受到：互联网是冷战的产物，是时代的产物，是技术的产物，是美国上升期的产物，更是人类进步的必然。但是，通过对世界各国互联网先驱的访谈，我们可以明确地说，互联网并不是美国给各国的礼物。每一个国家都有自己的互联网英雄，都有自己的互联网故事，都是自己内在的需要和各方力量共同推动了本国互联网的诞生和发展。因为，互联网真正的驱动力，来自人类互联的本性。人类渴望互联，信息渴望互联，机器渴望互联，技术渴望互联，互联驱动一切。而 50 年来，几乎所有的互联网先驱，其内在的驱动力都是期望通过自己的努力，促进互联，改变世界，让人类更美好。这就是互联网真正的初心！

互联网是全球学术共同体的产物，无论过去、现在还是将来，都是科学世界集体智慧的成果。50 余年来，各国诸多不为名利、持续研究创新的互联网先驱，秉承人类共同的科学精神，也就是自由、平等、开放、共享、创新等核心价值观，推动着互联网不断发展。科学精神既是网络文化的根基，也是互联网发展的根基，更是数字时代价值观的基石。而我们日常所见的商业部分，只是互联网浮出水面的冰山一角。互联网 50 年的成功是技术创新、商业创新和制度创新三者良性协调联动的结果。

可以说，由于科学精神的庇护和保驾，互联网 50 年发展顺风顺水。互联网的成功，既是科学和技术的必然，也是政治和制度的偶然。互联网非常幸运，冷战催生了互联网，而互联网的爆发又恰逢冷战的结束。过去 50 年，人类度过了全球化最好的年代。但是，随着以美国政府为代表的政治力量的强势干预，以互联网超级平台为代表的商业力量开始富可敌国、势可敌国，我们访谈过的几乎所有互联网先驱，都认为今天互联网巨头的很多作为，已经背离互联网的初心。他们对互联网的现状和未来深表担忧。在政治和商业强势力量的主导下，缔造互联网的科学精神会不会继续被边缘化？如果失去了科学精神这个最根本的守护神，下一个 50 年互联网还能不能延续过去的好运气，整个人类的发展还能不能继续保持好运气？这无疑是对每一个国家、每一个人的拷问！

中国是互联网的后来者，并且逐渐后来居上。但中国在发展好和利用好互联网之外，能为世界互联网做什么贡献？尤其是作为全球最重要的公共物品，除了重商主义主导的商业成功，中国能为全球互联网做出什么独特的贡献？也就是说，中国能为全球互联网提供什么样的公共物品？这一问题，既是回答世界对我们的期望，也是我们自己对自己的拷问。“互联网口述历史”项目之所以能够得到全世界各界的大力支持，并产生世界范围的影响，极重要的原因之一就是这个项目首先是一个真正的公共物品，能够激发全球互联网共同的兴趣、共同的思考，对每一个国家都有意义和价值。通过挖掘和整理互联网历史上最关键人物的历史、事迹和思想，为全球互联网的发展贡献微薄之力，是我们这个项目最根本的宗旨，也是我们渴望达到的目标。

前 言

1931 年出生的路易斯·普赞（Louis Pouzin），2019 年整整 88 岁。他毕业于巴黎综合理工大学，在计算机网络领域，发表和出版过 82 篇论文和一本书。他发明了数据报（datagram），并在 1971 年开始建造 CYCLADES 网络，虽然比阿帕网[①] 晚一点，但是技术方法上却比阿帕网先进很多。同样是分组交换技术，阿帕网还是通过硬件连接，如同火车，

① 阿帕网（ARPAnet），20 世纪 80 年代的美国网络不叫互联网，而叫阿帕网。所谓“阿帕”（ARPA），是美国高级研究计划局（Advanced Research Project Agency）的简称。其核心机构之一信息处理技术办公室（IPTO）一直在关注电脑图形、网络通信、超级计算机等研究课题。阿帕网是美国高级研究计划局开发的世界上第一个运营的封包交换网络，它是全球互联网的始祖。

数据必须运行在固定的轨道上，效率低下，只能满足几十个节点的联网。而普赞的 CYCLADES 网络却是通过软件的协议，实现了更灵活的数据传输，就像汽车一样，无须通过固定的线路传输，可以满足百万级以上节点的联网。当年他们的创新完全是公开的，即使发表出来，也没有今天专利之类的任何限制。普赞的成功实践直接启发了 TCP/IP[①] 的基础性突破。

曾管理 BBN[②] 网络控制中心的工程师亚历克斯 · 麦肯齐（Alex McKenzie）在接受“互联网口述历史”项目组访谈时说，“普赞才是真正的‘互联网之父’”，因为普赞的 CYCLADES 网络是当时最完整的比较整体的思路，而且软硬件都是他一个人鼓捣出来的。而美国的阿帕网只是集各

---

① TCP/IP，全称为 Transmission Control Protocol / Internet Protocol，即传输控制协议 / 互联网络协议，是互联网最基本的协议，由网络层的 IP 和传输层的 TCP 组成。TCP/IP 定义了电子设备如何连入互联网，以及数据如何在它们之间传输的标准。

② BBN，即 Bolt，Beranek and Newman 公司的缩写，是一家位于美国马萨诸塞州剑桥市的高科技公司，创建于 1948 年，由麻省理工学院教授利奥 · 贝拉尼克（Leo Beranek）、理查德 · 博尔特（Richard Bolt）与其学生罗伯特 · 纽曼（Robert Newman）共同创建。因为取得了与美国高级研究计划局之间的合约，它曾经参与阿帕网与互联网的最初研发。现为雷神公司的子公司。

家之大成。可惜在1978年，法国政府对CYCLADES网络项目的预算大幅削减，这使得有资金扶持的美国阿帕网一枝独秀。普赞的原上级以及盟友莫里斯·阿列格雷（Maurice Allègre）对此感到痛惜不已。“我们本可以成为互联网的先驱，”他在1999年写道，“如今我们却只是它的用户之一而已，远远比不上那些可以决定互联网未来的大人物。”

2001年以来，路易斯·普赞一直致力于信息社会世界峰会[①]有关互联网治理的工作。2003年，法国政府授予了普赞“法国总统颁授骑士勋章”（Chevalier de la Légion d'Honneur），这是法国最高的荣誉之一。TCP/IP共同发明人、“互联网之父”温顿·瑟夫[②]说：“普赞得到认可的时间太晚了，这很不公平。”2012年普赞入选国际互联网名人堂，2013年获得伊丽莎白女王工程奖。

---

① 信息社会世界峰会（World Summit on the Information Society，缩写为WSIS），是有各国领导人参加的最高级别的互联网会议，与会的领导人致力于利用信息与通信技术的数字革命的潜能造福人类。峰会是一个广泛接纳利益相关方参与的进程，其中包括政府、政府间和非政府的组织、私营部门和民间团体。

② 温顿·瑟夫（Vinton G. Cerf），又译文顿·瑟夫，是公认的“互联网之父”之一，谷歌副总裁兼首席互联网专家。互联网基础协议TCP/IP和互联网架构的联合设计者之一，互联网奠基人之一。2012年入选国际互联网名人堂。

2012年，81岁高龄的普赞建立了Open-Root公司，促进互联网名称与数字地址分配机构[①]顶级域名的独立。如今，他每天还工作15个小时以上，为改善今天的互联网而努力，进行技术开发和架构改造。

我们对他进行了三次访谈。看起来，他2019年的身体状况比2018年还好。像普赞这样的互联网先驱，真正为改变世界、影响世界而工作，他们的存在是这个时代最弥足珍贵的财富。希望他身体健康，我们还能一次又一次见面，轻松聊天，记录历史的同时，给年轻人留下宝贵的经验，并指出未来的方向。

---

① 互联网名称与数字地址分配机构（The Internet Corporation for Assigned Names and Numbers，缩写为ICANN），成立于1998年10月，是一个集合了全球网络界商业、技术及学术等领域专家的非营利性国际组织，负责在全球范围内对互联网唯一标识符系统及安全稳定的运营进行协调。现在，互联网名称与数字地址分配机构行使互联网数字分配机构（IANA）的职能。

人物生平

路易斯·普赞，软件工程师，法国互联网之父。1931 年生于法国，毕业于法国最知名的理工大学——巴黎综合理工大学。

路易斯·普赞曾参与相容分时系统（CTSS）与 Multics 的开发。1964 年至 1965 年间，路易斯·普赞首次提出“壳层”（shell）的概念，设计出了一款叫作 RUNCOM 的程序，稍后这个概念在 Multics 计划中首次被实现。这为一整类软件工具“命令行接口”（command-line shells）的产生贡献了灵感，如今命令行接口仍在现代操作系统中发挥作用。

随后，他提出了数据报的概念，建立了早期的分组交换网络 CYCLADES，这影响了之后的 TCP/IP。20 世纪 70 年代早期，普赞创造性地在法国、意大利和英国建立起一个可以连接以上地点的数据网络，而普赞所使用的连接原理为日后创造出一个可以同时连接数百万台电脑的网络奠定了基石。

遗憾的是，法国政府在 1978 年取消了对 CYCLADES 网络项目的资金支持，直到互联网开始在全球范围内普及才最终为其正名，路易斯 · 普赞因此也被称为“被人遗忘的互联网第五人”。

2003 年，普赞被法国政府授予“法国总统颁授骑士勋章”，这是法国最高的荣誉之一。2012 年入选国际互联网名人堂。2013 年获得伊丽莎白女王工程奖。

普赞是 IFIP-TC-6（国际信息处理联合会数据通信技术委员会）的前任主席。目前，他是欧洲在线协会英文项目主任，曾在计算机网络领域发表 80 多篇论文、出版一本书。

路易斯·普赞与伊丽莎白女王谈话

路易斯·普赞当选亚美尼亚年度数字人物新闻发布会

第一次访谈

访谈者：方兴东、钟布

日　期：2017年12月19日

地　点：联合国互联网治理论坛/瑞士日内瓦

访谈者：今天是 2017 年 12 月 19 日，我很荣幸，也很幸运，终于能和这位受人尊敬的学者共坐一堂，他就是来自法国的路易斯·普赞，他是互联网先驱，也是“法国互联网之父”！

我们采访的人越多，就越发现很多人的想法是受到您的启发，比如温顿·瑟夫和鲍勃·卡恩[①]，他们的 TCP/IP 就受到您的 CYCLADES 系统中无连接式数据报传输模式的启发。嗯，一般来说，我们的互联网口述历史项目会讨论您一生的成就和不为人知的故事，那么，您能不能先讲讲您

① 鲍勃·卡恩（Bob Kahn），1938 年 12 月出生，美国计算机科学家。本名为罗伯特·卡恩（Robert E. Kahn），鲍勃·卡恩是他的别称。他发明了 TCP，并与温顿·瑟夫一起发明了 IP。这两个协议成为全世界因特网传输资料所用的最重要的技术。他是公认的“互联网之父”之一，2012 年入选国际互联网名人堂。

小时候的生活？

路易斯 · 普赞：嗯，我小时候的生活啊。我 1931 年出生在法国中部涅夫勒省的尚特奈–圣伊姆贝尔（Chantenay-Saint-Imbert），一个大约有 3500 人的小村庄。你知道的，法国分成多个大区。我生活的这个大区可能有 5 万人，多的时候到几十万人，但不经常是这样。多数村民住在村庄中心地带，人们以原始的方式——养牛和羊为生。我能看到的空间是十分有限的。在 1931 年到 1940 年之间，我的活动范围很小，除了去拜访医生，直到 15 岁，我才去了巴黎。

我家有两个孩子，父亲经营一家锯木厂——买木材，加工，再卖出去。我是在出生地附近的学校接受的教育。我出生在这个小小的地方，一开始在村子里的小学学习，然后搬到了新的地方纳韦尔（Nevers）——涅夫勒省的中部城市，我在那里完成了第一阶段的学习。第二阶段我去了一所大学，得到了更集中的数学教育，并拿到了学士学位。那个时候我家乡的主流思想就是我们应该努力成为一个在机构里学习、工作的人，我们将要学习或者工作的领域应该与理工相关。母亲期望我去理工学院，尽管她完全不了解工业生活是什么，理工学院教什么。事实证明，我在学校，特别是数学方面表现足够好，我做数学练习比其他任何人都快得多。这就是为什么父母决定让我上理工院校的原因。我被法国知名的工程学校——巴黎综合理工大学录取了。

我花了两年的时间在这儿学习。你知道吗？这是一所军事学校，我们领取军队补贴，在第二年还举行了一次军事演习，所以，某种程度上，我是在军事特遣队或军事群体中学习。从巴黎综合理工大学毕业后，想做什么取决于我们自己。在我年轻的时候，学数学是一种很好的锻炼，但我对数学不是很感兴趣，更感兴趣的是社会学研究，研究人们如何生活等。我深入参与了照顾那些巴黎的受管教男孩，他们并不是真正的罪犯。我们带他们到巴黎南部的郊区，他们中的很多人对巴黎市区外面的世界一无所知。有个男孩从来没有去过欧洲的南部，所以，我们可以帮助他们了解社会。几年后，甚至 10 年后，那个男孩仍然认为那是给他带来惊喜的教育。

两年后，我得找工作了。这很容易，因为所有理工学院出身的人，都被认为足够聪明，能够学习复杂的东西，即使有些人的智商并不是最高的。那时我被阿尔卡特（Alcatel）的 CIT 公司录用，它隶属于法国通用电气公司（CGE）大集团的一部分，我在那里待了几年，并不是因为我对通信特别感兴趣，而是因为在学校仅仅两年的学习时间不足以让我成为任何领域的专家，只能成为某领域的一分子。加入公司能帮助我融入社会，并且熟悉其他公司，新员工会被分给一个有经验的过来人，由同事带领入门。我在升职方面没有任何困难，但是我并没有像一般人选择的那样待在研究部门，尽管我有足够的技术方面的技能。我想让自己的生活中有更多样化的东西，所以进入了制造部门。我在那里学到的主要是如何与业内基础级别的工作人员，以及工作室的人打交道。熟悉这些知识并了解它们，能让你思考什么是好的工作。

可能人们认为好工作是能赚钱的工作，但我对钱并不是特别感兴趣。我对技术、旅行方面的东西更感兴趣，所以没有走赚钱那条路，这就是我两年半后离开这家公司的原因。我加入了计算机热潮，因为我读了很多关于电子计算机的期刊、报纸，当时计算机已经存在，有计算器、电子计算器。对了，你知道穿孔卡[①]吗？在技术层面，我可比同事技高一筹，我觉得这个过程非常简单。我发现了计算

① 穿孔卡，又称打孔卡、霍列瑞斯式卡（Herman Hollerith）或 IBM 卡，是一块纸板，在预先知道的位置利用打洞与不打洞来表示数字消息。1801 年，法国人约瑟夫 · 玛丽 · 雅卡尔发明了用于控制织布机织出图案的打孔卡。20 世纪 80 年代，美国人口调查局职员赫尔曼 · 何乐礼发明了用于人口普查数据的穿孔卡片及机器。

机业务，它真是一个可以实现多重愿望的机会，令人非常兴奋。

作为一个非官方的教育者，我对所有新闻报道都感兴趣。20世纪50年代，《世界报》[1]发表了一篇关于IBM（国际机器商业公司）即将推出可以用于处理政府机构冗繁文书工作的电脑化系统的报道，并称其为电子计算器。我对这种系统有些兴趣。之后，我了解了IBM在法国的竞争对手布尔公司（Bull）的历史，当时它还是一家年轻的公司，是法国唯一一家从事计算器、电子计算器业务的公司。之后，我被布尔公司录用了，变成一个“电脑男孩”。我没有具体的职位名称，不过是在商业服务部门担任技术服务主管，我的职责是带领手下十几位工程师，齐力制造一台名为Gamma 60[2]的巨大计算机。

找到解决问题的方法是非常令人兴奋的，但是布尔公司财务有一点点紧张。于是它与美国无线电公司（RCA）合作，制造了另一类计算机，类似IBM 360的样式，这些

---

① 《世界报》（*Le Monde*），法国第二大全国性日报，是法国在海外销售量最大的日报。

② Gamma 60，布尔公司于1960年开发的超级计算机，技术水平与当时其他欧美国家不相上下，是当时世界上最先进的大型计算机。

计算机使用范围更有限。这不是什么大事情，因为法国政府在 20 世纪 60 年代试图与 IBM 700 系列竞争，但在那个时候，使用这种机器的客户不多。所以他们没那么雄心勃勃，开始销售美国无线电公司的设备。又过了几年，按照协议，整家公司和另一家美国公司——通用电气公司建立合作，因为美国无线电公司没有足够的自由建立实验室。但他们又想在开发机制上有更多的空间，所以就与通用电气签订合作协议，通用电气占主导。我发现普通的技术员都在说英语，那时我就意识到“如果不学会编程和英语的话，我就不可能在计算机行业谋求一份职业”。因为我手下有大约 14 名工程师在开发程序，而我自己却没有经验。我想自己没有专业知识是不行的，于是去了美国，我跟老板说要学编程和英语，于是他在美国找了个地方，让我可以在英语环境下学编程。后来我到了麻省理工学院（MIT），因为他认识那边的人，这很好。于是，我就拿着签证去那里访问。

访谈者：去美国是哪一年？您一共待了多少年？

路易斯 · 普赞：去美国是 1963 年。1965 年我回法国，一共待了两年半。

访谈者：哦，是这样。

路易斯·普赞：访问是很有成效的，我达到了我想要的目标：学习英语，像美国人一样说话，还有学习编程。所以，回到巴黎后，我可以和来自美国的任何人交谈，在某种程度上，是指那些想要买大机器的客户，我和他们一起研究问题，做其他事情，等等。我有一个老板是名美国工程师，实际上他是一个从工程师转型到商业界工作的意大利人，所以他带我去欧洲的很多地方拜访客户，完成销售目标。我在麻省理工学院开发了第一个大型相容分时系统。我还设计出了一款叫作RUNCOM的程序，它可以帮助用户自动设定一些单调重复的指令。我管这款程序叫作包裹在电脑呼吸内脏外的“壳”（shell），这既为一整类软件工具“命令行接口”的产生贡献了灵感，也是其名称的来源。如今，命令行接口仍在现代操作系统中发挥作用。

访谈者：您所说的分时系统是指机器可以由不同的人使用？

路易斯·普赞：是的，同时使用，通过允许多个用户同时在一台计算机上运行多个程序，可以让昂贵的大型主机达到更高的利用率。

访谈者：好吧。让我们回到差不多1950年。我知道您那时在巴黎综合理工大学学习。您学的是什么专业？

路易斯 · 普赞：数学、物理，还有几何学和体育。

访谈者：那您参加了什么运动？

路易斯 · 普赞：足球，还有飞行课。

访谈者：踢足球？飞行员？

路易斯 · 普赞：我没有踢足球，也永远不会成为飞行员，我们学校是一所军事院校，有机场。我们坐飞机去参观不同的地方。

访谈者：那您的专业是电子工程？

路易斯 · 普赞：我进入巴黎综合理工大学的时候是 19 岁，还有一年的兵役要服，因此我加入了海军。不是因为海军特别吸引我，而是因为它是一种可能性大的选择。因为我大多数同事都没有选择，所以我想如果我选海军的话，他们应该会想要我，这可能很有趣，是新的道路。

访谈者：那么，您正式进入了大学。

路易斯 · 普赞：不是一所大学，巴黎综合理工大学不是一所正式的大学，而是一所工程类综合学校。

20 岁的路易斯 · 普赞

访谈者：工程学校？

路易斯·普赞：是的。

访谈者：那时候，已经有机械工程、土木工程和电子工程了，是吗？

路易斯·普赞：不是，这是核心的一些基础工程，像统计之类的，但是大部分的数学课程都是理论性非常强的，我并不是很喜欢。

访谈者：因为和使用电脑、视频或者像通信这样的事物无关？

路易斯·普赞：我总是对一些有用的东西感兴趣，这就是我对计算机非常感兴趣的地方。

访谈者：那么后来您在麻省理工学院学的是学位课程，还是？

路易斯·普赞：不，我没有得到学位，我是计算机中心的系统程序雇员。我的老板是库布多教授。

访谈者：哦，那您的最终学历是什么？学士、硕士还是博士？

路易斯·普赞：不，我只有一个理工专科学历，就这样。

访谈者：是学士学位吗？巴黎综合理工大学是一所综合性学校。

路易斯·普赞：可能相当于是吧，反正不是博士，也不是硕士。

访谈者：在那个时候读研究生的人不多，对吗？

路易斯·普赞：对于私立学校来说是这样。在大学里的人可能要去读硕士，还有博士，但是当时计算机学科没有博士学位。他们一直在找其他就业方向。

访谈者：是的，那个时候计算机是全新的领域，甚至在后来也是全新的。所以，早在20世纪50年代，我相信整个世界都没有这样的新学科。

路易斯·普赞：我确信。当时，尤其是在大学，无论如何，编程都不是那么流行。我们的工具相当原始，人们会更多地投入开发穿孔卡、打孔机应用、统计、管理应用等，但是很少有人投入科学计算。

访谈者：所以从学校毕业后，您立即加入了海军，并服役了一年。那一年您是学生，身份是？

路易斯 · 普赞：米切塔（micheta）。我们称之为米切塔，就是初学者的意思。

访谈者：您驻扎在什么地方，具体是哪一年？

路易斯 · 普赞：应该是 1953 年。我驻扎的地方在靠近昂蒂布海港的岛屿，位于法国南部海岸。那里有一所雷达学校，还有雷达设备，所以我学习了雷达的技术，了解它是如何工作的，还有调试雷达设备。

访谈者：那您成了一个普通水手，在军舰上工作，对吗？

路易斯 · 普赞：是的。

访谈者：您的工作内容与无线电有关，还是在雷达站工作？

路易斯 · 普赞：一艘船在海上航行会有很多晃动，通常机器不能工作那么多天，必须定期进行修理。我们必须确定为什么系统坏了，尽管有些设备比其他设备性能更好，但是大多数设备每两三个星期就需要修复一次。

访谈者：所以，您更像一个技术员而不是水手。只要您服役一年，就可以回来工作。

路易斯·普赞：对，那时我已经拿到了巴黎综合理工大学的文凭，可以工作了。

访谈者：所以您又回到家乡巴黎了吗？

路易斯·普赞：是的，回到巴黎，我加入了一家正式的公司，就是通用电气公司，在那里经历了一些有趣的事。我在那里待了好几年，直到转到董事会。

访谈者：您当时结婚了吗？

路易斯·普赞：后来结的婚，还很好，结婚的时候我29岁了。

访谈者：挺晚的。

路易斯·普赞：是的，我在巴黎工作了八九年。

访谈者：那您是怎么去的麻省理工学院？

路易斯·普赞：因为我老板当时和麻省理工学院数据和计算机中心的一两位教授有联系，他们是分时技术的先驱之一，所以就给了我这个机会。我抓住了这个机会，因为我认为这是我想要的。更有趣的是，从某种程度上说，它并不像加利福尼亚州那么远。

1975 年，在麻省理工学院的路易斯·普赞

访谈者：我知道这两年半，您在波士顿把英语学得很好。除此还有其他收获吗？

路易斯·普赞：嗯，主要是学习美国人的行为。

访谈者：体现在什么方面？

路易斯·普赞：工作方式，社会活动的方式，讨论事情的方式，这些都与法国人完全不同。

访谈者：嗯，我觉得法国人就像社交蝴蝶，天生就知道如何与人交往，只要一杯酒，就能坐下来天南海北地聊天，比如文学、艺术或绘画，诸如此类。您觉得是这样吗？还是也需要学习？

路易斯·普赞：我认识的美国人大多是系统程序员，他们对社交活动和艺术方面不太感兴趣，对葡萄酒也不感兴趣，除非你在某个地方开派对，但大多数时候，他们只会适量地喝一些啤酒。嗯，总之，他们不会对法国人感兴趣的话题有同样的兴致，他们更经常讨论金钱。

访谈者：认真生活可以解决金钱的问题，他们非常脚踏实地，对吧？

路易斯·普赞：嗯，最初我大部分朋友都是美国人，我试图习惯他们的生活方式。但是渐渐地，在两年半的时间里，我开始认识越来越多在波士顿的被外派到美国的法国人。我和美国朋友的关系不会持续很久。如果你坚持的话，美国人遇见你会很高兴，然后他们会交其他朋友，每年他们都会给你寄圣诞贺卡，就像是一种仪式，好像你已经认识了很多朋友和家庭一样。他们可以交到很多朋友，但也仅限于此。

访谈者：嗯嗯，在20世纪60年代，您以欧洲人的身份去了那里，会不会有一种优越感，因为您来自一个有着悠久历史的地区，那里有着漫长的人类文明。而200年前的美国，还是贫瘠的野蛮之地。您会不会觉得：美国没有太多的文化和历史，以及古老的建筑，而巴黎……

路易斯 · 普赞：是的。事实上，我们有时会讨论这个问题，但人们并不那么感兴趣。

访谈者：那么，他们感兴趣的是什么？

路易斯 · 普赞：他们感兴趣的也许是他们会去的地方，他们在美国旅行的次数不多。他们每年去度假一次，去拜访家人，有时甚至不是每年一次。如果换了工作，他们就会搬到别的地方去，相当墨守成规的，他们做的事情也很平常，在星期六修剪草坪，也许在星期六晚上聚会。我有很好的朋友，但不是很多，我仍然喜欢时不时联系他们。

访谈者：您觉得在麻省理工学院两年半的工作经验有趣吗？

路易斯·普赞：很有趣，因为现在我可以做得更好。有一年，我遇到了一个技术问题。他们不感兴趣，他们想要一些能理解的、可以发明的东西。如果你提出一些建议，他们就会说，“好吧，去做吧”，如果他们不感兴趣的话，甚至不会讨论解决方案。这就是我开始做的，不是试图说服他们，而是想开发东西。这就是我在麻省理工学院做得比较好的一点。所以，我开发了文件共享，然后每个人都在使用。

访谈者：您在麻省理工学院获得的最大收获，就是这种思维方式，更脚踏实地看待事物的角度，如何让事情变得更实用，不仅仅是抽象的，还需要思考场景。是吗？

路易斯·普赞：是的，是这样的。我觉得对于抽象的事物，你需要一个大学里的人，而那不是接触这些事物的人。

访谈者：我相信，您也给美国同事带来了一些有趣的东西。是什么呢？

路易斯·普赞：我带去的是信息沟通机制，我在宿舍发明了一种易于管理的工作方式，比方说，每隔几天，我会打电话给他们，问他们的工作是什么，有什么进展，再给他们更多的工作，等等。这是一种方法。从某种意义上说，这比等级关系的沟通有效果。沟通最好是和老板建立友好的关系，可以讨论你的想法。有时候我甚至在另一间办公室工作，看着房间里的那个人，给对方做一些解释，如果你不明白，没关系，不要害怕。如果有人在场，我可以做得更好。所以，在那之后，他们更确信了我不是只在想。

访谈者：之后您就从麻省理工学院回到巴黎。您回来后就开始在法国气象局工作，开发了气象服务？

路易斯 · 普赞：不是一回来就在那里工作的，那是回来三年后的事，刚开始我去了霍尼韦尔公司（Honeywell）。1970 年霍尼韦尔将其计算机业务与通用电气公司合并，组成霍尼韦尔信息系统公司，主要做电脑业务。当时，我们必须给通用电气公司提供建议，例如如何与霍尼韦尔公司的员工交流，看看他们有什么产品，如何适应我们的市场，等等。我们当时遇到的一个典型的问题是，他们有打印机或输出设备的代码，获取这些都不难，但我们必须将设备语言调整成法语，或者做些法国人从来没有做过的事情。我忙着做这些事，还挺快乐的，因为很容易，技术上很简单。但是如果你一直这么做，大多数人可能不同意，因为他们从来没有这样做过。

我花了一年的时间适应欧洲的大公司，就是法国通用电气公司，做600台大型电机的宣传工作，卖出了一些，但没有预期的那么多。在做了一年的通用电机宣传之后，我在霍尼韦尔公司董事会上向老板提出建议——观察气象，因为气象学是一个特殊的领域。他们从来没有使用过水力发电计算机，这是一台独一无二的计算机，虽然没有产出多少好的成果，但他们对此非常自豪，因为他们是唯一知道它是如何工作的人。另一项活动是收集进入电传线路的气象数据，对它们进行处理，然后用空白地图或者一堆新设备再处理数据。

访谈者：我很想了解一下您研发的数据报。那是什么？一种服务吗？

路易斯·普赞：就像明信片。你也知道，通常在传输数据的过程中，长度是任意的，可能很长也可能很短。但是如果把数据传递到不太可靠的线路上，又没有加速的电话通信系统，比如说那时候就没有高速电路，那么数据中的一部分就会被混淆，或者丢失。所以就需要粒子，你需要一个粒子，一个可以与“已接收”和“已发送”相比较的粒子。如果有必要的话，为了不浪费传输时间，必须在一个相当短的数据上这样做，这样当你重新发送时就不会浪费时间。所以，在那个时候，一段信息是几百个字符（不会超过几百个字符）。当时，人们称其为“帧”，有时称其为“数据报”，没有一个固定的名称。这是典型的数据传输方式，它不是我们发送的粒子，碎片一个接一个地运行，有一个类似的协议，回复接收到的信息，而且，不管什么时候，只要没有线路损坏，就可以继续传输数据，你停止，它会重新传送。这是当时可用的一种典型协议，是我们和法国气象局在交换数据的时候使用的。我们在欧洲或美国以外的地区交换数据，用它从西向东传输数据。

访谈者：那是哪一年？

路易斯 · 普赞：大约在 1965 年，我开始了气象局的项目。所以我想那应该是 1966 年或 1967 年。

访谈者：数据报是后来激励温顿 · 瑟夫和鲍勃 · 卡恩开发 TCP/IP 的主要原因吗？

路易斯 · 普赞：数据报比这些都要早得多，我在气象局工作的时候并没有太大地推动通信技术的发展。只是因为当时我被一家名为 Stellia 的咨询公司雇用了，签了短期合同，并在那里建立了气象系统，这个系统是为天气预报和统计而创建的，顺便说一句，它已经被使用了15年。后来气象学不怎么赚钱了，我觉得应该再换一家公司。于是我从Stellia咨询公司辞职，加入了辛克莱公司，它是当时很有名的一家汽车制造商。那时重要的是业务应用。他们认为系统是专家、制造商的问题，不需要聘请专家来进行系统编程，这是公司犯的错误，所以我加入了辛克莱，成了计算中心的负责人，主要工作是监控成吨的纸张的生产，当然，我不会就这样满足。因为在任何应用程序中都有许多微循环，我优化了循环工作中用于测量循环所需时间以及计算机接收时间的方法。我们测量程序在循环中所花费的时间，然后对所需的时间进行优化，最终节省了大约40%的机器循环时间或者更多。由于IBM是根据计算工作的时间和应用程序来构建计算机的，因此我们取得了巨大的经济效益并首次尝试反击IBM。我在那里做的另一件事是开发了一个简短的分时系统，专门用于文件查询和更新，因为汽车行业会不断生产新的沉重部件，我们必须将它存储在某个文件中，进行各种计算，知道它花了多少时间，花了多少钱，等等，这都是工厂管理。但我想，与其拥有大量文件，不如拥有程序，最好有80种数据类型，包括很有可能以及需要在任何时间生产的部件，如果有必要的话，还得知道如何做调整，控制污染，等等，所以必须是安装好的程序，安装好了就不需要做任何事情。几年前，我还不在那里，他们从 IBM 那里订购了比较先进的系统来控制污染，但是没有用，这不能责怪任何人，他们只能对这个先进的系统完全失望。所以，当我开始提议用 IBM 3270 建立数据类型的时候，我有点担心，因为他们认为不能使用这样原始的系统和简单化的系统设计。我和电话系统的负责人讨论过，他们想要调整一下，不想用简化的电话线。他们说："哦，如果你那样做，就要承担责任。"我说："好，我就用这个。"所以我有了大约 15 到 2000 个或者 3000 个高效辅助的数据类型。嗯，顺便说一下，IBM 系统和 IBM 机器是不兼容的，他们只有庞大的技术终端，但是我完全不知道怎么操作 IBM 的数据类型系统，于是我打电话给 IBM，得到了端口号。我们订购了第一件电子产品，然后必须在机器上安装程序，才能操作处理数据类型系统，这是可行的。这是一种比较容易实现的创新，但在政治上也是个问题，这意味着 IBM 的系统不再左右公司，因为辛克莱实际上是把从 IBM 那里订购的东西搬到了公司，渐渐地，辛克莱变成了供应商。

访谈者：您在法国的工作十分具有开创性，开辟了一条道路。所以，这就是为什么很多人都叫您"法国互联网之父"。

路易斯·普赞：我无法抗拒重要的事情。

访谈者：（笑）在您把互联网带到法国之前，那里没有类似互联网的东西吗？

路易斯·普赞：还没有。

访谈者：您知道，在美国有些人会有一点争议，比如说，谁是“互联网之父”？您是“法国互联网之父”，这应该没有多大争议。

路易斯·普赞：嗯，这是后来的事。我还在辛克莱的时候，有一天接到一两个同事的电话，他们告诉我法国政府决定在法国安装一个计算机网络，类似于阿帕网，问我有没有兴趣这样做，我说“有啊”，然后就去了。

访谈者：那是哪一年？

路易斯·普赞：大概是1969年，我离开了辛克莱，加入了法国负责开发这个系统的部门，但没待很长时间，因为他们没有能力支付较高的工资。后来我加入了IRIA（法国信息与自动化研究所），在那里解决了工资问题。我开始招募人员，成立一个团队，建立一个系统。我们做的第一件事就是写一本书，解释什么是分时系统，我们会做什么，等等，因为当时没有人知道这件事。法国财政部的一个人告诉我们，人们在操作系统时遇到困难需要查询书，而且这本书要解释清楚他们在做什么，即使他们不理解也不重要。问题是书必须足够厚，当时也没有人会写这样的书。于是我们得到批准写了这本书，三到四个月就分发下去了，因为当时法国代表团的一个人有权力决定我们应该做什么。

这就是我开始做的事情，我对这个工作的定义，就像阿帕网一样。

访谈者：这就是为什么称您为“互联网之父”。

路易斯·普赞：在建立名为 CYCLADES 的网络之前，我曾去过美国的许多地方，他们使用阿帕网。所以，我遇到了拉里·罗伯茨[①]和伦纳德·克兰罗克[②]，一群已经加入阿帕网的人。我们认识了彼此，且一直保持着联系，因为在

---

① 拉里·罗伯茨（Larry Roberts），1937年6月出生，美国工程院院士，互联网前身——阿帕网的总设计师，是公认的“互联网之父”之一。2012年入选国际互联网名人堂。于2018年12月逝世。

② 伦纳德·克兰罗克（Leonard Kleinrock），1934年出生，美国工程师和计算机科学家，加州大学洛杉矶分校工程与应用科学学院计算机科学教授。列队理论早期研究者之一，奠定了分组交换基础，是公认的“互联网之父”之一。2012年入选互联网名人堂。

1970 年，路易斯·普赞在西班牙介绍 CYCLADES

那个时候，他们举行两三个与网络或分时系统有关的会议，还成立了一个小组，我们在那里会面，召开特别会议。

访谈者：所以，您从美国回到法国之后，通过会议或者访问，经常与那些研究人员保持着联系？

路易斯 · 普赞：比会议联系更多。因为分组交换的研究形成了国际化的项目，以美国阿帕网、英国国家物理实验室（NPL）和法国 CYCLADES 项目成员为主，成立了 INWG[①]。在法国，在欧洲，我们正式化的组织是国际电信联盟[②]的常设机构 CCITT[③]，里面是专门从事数据通信的核

① INWG，全称为 International Network Working Group，即国际网络工作小组。于 1972 年 10 月设立，致力于连接多个从技术和传递速度上讲毫无共通之处的网络，目标是确保阿帕网变成国际性互联网。为此，国际网络工作小组制定了新的网络规范协议——TCP。

② 国际电信联盟（International Telecommunication Union，缩写为 ITU），简称国际电联，是联合国负责国际电信事务的专门机构，也是联合国组织中历史最悠久的国际组织。其前身为根据 1865 年签订的《国际电报公约》而成立的国际电报联盟。1947 年，国际电信联盟成为联合国的一个专门机构，总部从瑞士的伯尔尼迁到日内瓦。

③ CCITT，即国际电报电话咨询委员会，在国际电信联盟的常设机构中占有很重要的地位，1956 年，国际电话咨询委员会（CCIF，成立于 1924 年）和国际电报咨询委员会（CCIT，成立于 1925 年）合并，组建了国际电报电话咨询委员会。

心人员，所以，我们的会议要么是 INWG 组织，要么是 CCITT 组织，但这都没有关系，因为实际上是一样的，同一批人，同一个性质的组织，都专门从事数据通信工作。所以，我们经常相互联系，处理文件，等等。

访谈者：好的。在计算机科学领域，占主导地位的语言是英语，您认为这是否会给法国人适应互联网带来一些问题？

路易斯 · 普赞：我不这样认为。因为当时每个人都已经使用过 FORTRAN 语言和 COBOL 语言，使用诸如 FORTRAN 和 COBOL 之类的其他脚本语言来实现共享。我认为法国的大多程序员都习惯了用英语编程，不过可能他们会用法语发表评论。英语语法只是规范了编程术语而已，我从没想过这是一个障碍。

访谈者：我们之前采访了温顿 · 瑟夫、鲍勃 · 卡恩和其他互联网先驱。他们总是提到他们最初的想法受到您很大的影响。那么，您以何种方式影响了美国的互联网先驱呢？

路易斯 · 普赞：嗯，我开始建造 CYCLADES 时，访问了美国，我之前也说过，我很容易就发现，他们除了已经建立的网络之外，没有其他的想法。对我来说，这是他们显而易见的一个缺点。首先，他们需要一个目的地，必须发送数据包，等待回复，等等。其次，他们没有端到端的控制，换句话说，当你发送一个数据包时，从来没有从目的地收到“我们已经收到”的回复。我的意思是，在通信行业，这并不严重，因为你总是可以去问收到没有。但是他们认为阿帕网非常可靠，不可能有任何错误，我是说真的。这是一个网络设计步骤，在欧洲，一个世界上独一无二的网络在政治上是不被接受的，当时的旧电话系统是国家系统，由国家垄断，即使有些是私营化的，但整体上仍然是国家垄断的。虽然阿帕网诞生于美国，但温顿·瑟夫和鲍勃·卡恩将其推广到全世界，他们这样做了几年，在伦敦、挪威和日本安装了发射器，因为他们觉得这可以成为一个独特的系统。但在我看来，这不是一个可以被接受的解决方案。

所以我设计了CYCLADES，独立的分组网络，像明信片一样发送数据包，送达一个目的地，我们使用了保罗·巴兰①设计的传输技术。保罗·巴兰是一位美国人，他

① 保罗·巴兰（Paul Baran），1926年4月出生，美国计算机科学家，通过发明分组交换技术推动计算机网络发展，并帮助奠定了第一代计算机网络阿帕网的底层技术理论基础。于2011年3月31日逝世。

设计了一种自动传输技术，我认为这是一种好的、技术性的、温和的数据传输方式和解决办法，CYCLADES 也使用同样的传输技术。这就意味着没有理由把数据包按照已经发送的顺序递送出去，对于电信行业的人来说，不能按照顺序发送没有目的地的东西是很荒谬的。但是这并没有阻止我去做，而且我认为在某种程度上把数字放进包里没有什么困难，我们就开始做了，我当时发表了论文。我认为每个数据包都该被标记并作为一个单独信息数据报进行传输，而不是为每一个数据包预设好一条传输的路径。主机只应负责数据的传输而不是负载网络本身，每个数据包就像一辆单独的汽车，可以根据目的地独立地进行传输。就像抛接杂耍一样，将数据包还原排序的应该是接收数据的电脑而非网络，如果某个数据包在传输过程中丢失了，接收电脑还可以发出重新传输的指令。这种分组交换的无连接传输模式，降低了网络中对那种为数据包预设路径的复杂且昂贵的设备的需求，同时，这种简易的传输系统也使不同网络间的衔接更为容易。第一条 CYCLADES 网络连接在 1973 年面世，在巴黎和法国东南部城市格勒诺布尔（Grenoble）公开建立起首个网络连接。1974 年，鲍勃 · 卡恩和温顿 · 瑟夫来到法国，参观了几个地方，了解我们的工作方式，讨论他们手头与分组交换有关的事情。我们解释了我们在做什么，并对他们提出的所有疑问给出了解决办法。到了 1973 年年末，温顿 · 瑟夫和鲍勃 · 卡恩开始出版著作，在阿帕网上使用了这种方法，这基本上就是我们在 CYCLADES 做的事情，这是一篇论文，在 1974 年，我试着在蒙特利尔或者别的什么地方接收这篇论文。我自己发表了两篇论文，一篇是关于分组交换部分的，我称之为扫描；另一篇是令人难以置信的部分，我们不称之为 TCP/IP，而是传输协议，但它只使用了数据报，“数据报”这个词那时候还没有被创造出来，它是 1976 年由一个挪威工程师创造的。那么，想象一下，1974 年，我们有鲍勃·卡恩的出版物，这基本上是他想用 TCP/IP 做的事情，还有一个我们的出版物，描述了我们在此之前已经建立的系统。

访谈者：那么，您能不能讲一下，CYCLADES 比美国的阿帕网先进科学，但互联网却首先出现在美国，而不是法国，这背后的原因是什么？您感到遗憾吗？

路易斯 · 普赞：不会。当你开发出先进的东西时，通常，其中只有 1/3 或 1/4 会得到应用，这是不可避免的。即使在 IBM，也会有 4 到 5 个项目被毁掉，但并不是所有的项目都会被毁掉。但是，这就是科学研究，你不能指望任何事情都能被行业、政治等所接受。所以，在法国，政治已经改变了，我们也许还可以继续，但在1974年，当时的总统乔治·蓬皮杜去世了，他遵循着戴高乐将军的政治路线，但是戴高乐将军已经死了。当蓬皮杜去世时，他们选出了新总统吉斯卡尔·德斯坦，他显然对技术不太感兴趣。他竞选的资金来源于法国通用电气公司，而法国通用电气公司也从总统那里得到一定的补偿，这个补偿就是关闭另一家公司——汤姆逊公司。因为我们研发CYCLADES项目的部分资金是由汤姆逊资助的，而汤姆逊已经开始开发类似于互联网的电话系统，汤姆逊是一个专注于本地消费的财团，那时没有支持竞选。法国通用电气公司这个欧洲集团的建设，是想要变得更加独立于美国的产业，特别是制定操作标准。所以本来应该是汤姆逊生产所有的电脑线，但法国通用电气公司不喜欢电话通信系统还有其他主要竞争对手，所以他们设法毁掉了这个项目。这是通用电气公司的另一个目标，至少要结束所有欧洲或者法国的电话竞争项目。

访谈者: 那么您这一生最引以为傲的成就是什么呢?

路易斯·普赞: 我想说，从某种意义上说，那一定是CYCLADES，因为它是最宏大的、最国际化的，当然也是最重要的政治挑战。

访谈者：您讲的这个奇迹本身，是我们可以理解的技术。但是，为什么这是一个政治挑战？

路易斯 · 普赞：因为总是有不同的政府，你知道，在这样的项目中，要么投入资金，要么在系统建设的时候使用它。计算机的工作不是中立的，但当我们开始研发 CYCLADES 时，证明资金合理的理论是在行政部门之间共享数据库。可这完全是虚构的，因为我们非常清楚，政府不想分享数据。如果允许共享数据的话，财政部部长会说“我们将承担同样的责任”，这是比较明显和容易接受的。现实情况是，这是一次技术性的演习，支持我们的财团只是需要某种专业知识，以及通过这个项目让自己变得更有影响力。

访谈者：好吧，那您会有什么遗憾吗？比如说，如果我有机会，我会重做它？

路易斯 · 普赞：不会遗憾。你知道，有很多事情你影响不了，所以我不会责怪自己没有这样做，或没有那样做，因为很多事情都是由那些你影响不了的人决定的。我想这个项目在任何地方都会发生，我认为这个项目对我来说非常有趣，它持续了 4 年，我学到了很多东西。可以说，我们在这个世界上很出名，我团队里所有的老成员都因此而出名，他们都是计算机等方面的专家。我对此感到很满意，没什么遗憾，这是一个美妙的时刻。

访谈者：2012年您建立了Open-Root公司，一个全新的东西，而非退休了。您是怎么积蓄能量，找到时间做一些新的事情？

路易斯·普赞：嗯，那次投入的能量比研发CYCLADES用的要多，但是我无法像当年那样投入同样多的精力，而且还能保持下去，因为我没有办法去打造一个与研发CYCLADES时一样的团队，所以Open-Root是新一代的东西。那么，为什么我要这么做呢？从创建Open-Root公司开始，有时我会去法国南部的一所商学院教书。我不会与发生的事情脱节，我在法国的关系网里做了点什么，但只持续了两年。当时发生的事情是，我再次接到了一个朋友的电话，他曾是该地区的秘书长，是外交官，后来提名为大使，出席信息社会世界峰会，然后他举办会议来讨论如何发挥一些公约的作用，给计算机网络的发展带来奇迹。

他在决定我们应该做什么，不应该做什么，他需要一些好的想法，所以我帮助他和外交家讨论，协助他和不同国家的参会代表进行讨论，我说什么是痛点，目前情况下的长处是什么。痛处是美国人接管了整个阿帕网，它在

1983 年变成了互联网，使用的是我们开发的技术（当时我还没有想到）。但是一旦我们在国际层面碰面，美国人最有话语权。近年来有 80% 被采用的新技术标准是美国工程师或美国企业设计的。为什么美国人这么强大，一个原因就是他们垄断了 DNS（域名系统）。为什么他们有这个权力？他们没有任何的支持，却在国际层面上创造了世界垄断。权力被滥用，在欧洲共同体是不被允许的。我们应该找到 DNS 被垄断的原因，并且通过技术手段解决它。为什么我们没有第二个 DNS？当然，这不是人们会马上接受的事情，因为任何垄断的东西对人们来说都意味着比较简单的生活方式。许多国家会得出这样的结论：美国引领的互联网才是最好的选择。

所以，我们必须提出问题，提出我们可以有几个注册中心，几个 DNS，将现有的国际机构分解重组生成一个新的组织是否会是一个更好的选择，等等。为这件事做了几年的宣传之后，没什么收效，于是我们决定成立一家公司。除非我们有一家商业公司，否则我们不会在这方面取得进展，没有人会停止抢劫。这就是为什么我们创建 Open-Root 公司，以促进互联网名称与数字地址分配机构顶级域名的独立。

访谈者：您在81岁时创建了Open-Root公司，真是拥有高能量。今天您和我们一起在日内瓦参加2017年联合国互联网治理论坛，您已经86岁了。我们真的很惊叹于您的这种能量水平，真是非常鼓舞人心。您仍然在工作，那您通常每天工作几个小时？

路易斯·普赞：是的，我已经86岁了。直到现在，我还可以工作，我通常每天睡5个小时，周末有时睡得更多。现在我有了更多的时间，我的肺不太好，需要更多的氧气，要工作、锻炼、看医生，等等。我的睡眠时间应该要固定一些，在某些时候必须考虑到自己的身体状况。

访谈者：您在家里工作，还是去办公室？

路易斯·普赞：最好是在办公室。这取决于我们是否在巴黎有会议。

访谈者：好的，您每天工作多少个小时？

路易斯·普赞：一天24小时，我大概睡5小时，还剩19小时，那么我一天大概工作15小时。

访谈者：一天？还不是全职工作！您怎么能保持自己的健康？

路易斯 · 普赞：我不确定我是否健康，那要看情况。

访谈者：您锻炼吗？

路易斯 · 普赞：我以前经常锻炼，或者说偶尔去徒步旅行，不是骑自行车。但现在很少去了，因为同伴越来越少，我不想自己去徒步旅行，或者有时我会去短途旅行。

访谈者：您抽烟吗？

路易斯 · 普赞：我已经 40 多年没有吸烟了。我想我还需要清理一下肺部的垃圾，清理各种未被确认的化学物质。内部垃圾会影响外部健康，我必须这样做。

访谈者：是的。我很惊讶您的思维能力，您的大脑反应是如此迅速。

路易斯 · 普赞：这是本能。

访谈者：好吧。我总是问很多关于您的生活和事业的问题，有什么是您喜欢谈，但我还没问的吗？

路易斯 · 普赞：通常人们会问我像这样能持续多久？我会说，在通常情况下，当我 94 或 95 岁的时候，就快结束了，可能要到那时才能精力充沛，在下一个 5 年或者 6 年，我就会慢下来。此外，我没有心情写一本书或者写我的生活，我对过去不太感兴趣，只对未来感兴趣。

访谈者：那么，关于未来，您有什么特别的信息想告诉或提醒年轻人吗？

路易斯·普赞：嗯，从互联网的诞生开始，50 年或者 100 年后，年轻人不会理解互联网是如何开始的。他们会想，互联网就像空气一样，是他们生活的一部分。现在的情形是，如果他们不懂计算，就不能成为技术领域的工程师。未来他们可能能够理解一些含义，比如应用程序、物理和需要培训的人员，等等，也可以理解业务的很多方面，但他们还是需要雇用其他人来做决定，决定系统的组成部分，因为他们自己没有工程或商业方面的经验，没有办法做出决定，而且他们会非常依赖咨询人员，但咨询人员不一定是这方面的专家。最终，他们会遇到问题，并且忽略我们知道的某些有用的东西，这可能不是很好，你知道，这是很常见的。

访谈者：非常感谢您。我们还想问问您关于和中国的互动。您还记得上次去上海是什么时候吗？

路易斯·普赞：去上海，那大约是 4 年前的事了。我还去过大理。但我认为去大理实际上是老挝之行的一部分，那是 8 年前。

尚塔尔：是的，还有一次是因为一个智慧城市的会议，你被提名为会议的共同主席，所以去了上海。

访谈者：请问这位女士的身份是？她和您有什么关系呢？

路易斯 · 普赞：嗯，她是我的同伴，叫尚塔尔 · 勒布门特。我们没结婚，只是伴侣关系。

访谈者：好吧。那么和路易斯 · 普赞一起生活容易吗？

尚塔尔：嗯，是的，他很好相处。但是，他很久没有休息过，每天只睡三四个小时，所以，时间有一点紧。但是我们一起生活很有趣，因为我们每天都有很多新的想法。我正在努力写一本传记，有一位非常优秀的记者在帮我，写关于互联网的历史，关于 CYCLADES 的，但不幸的是没有编辑愿意编辑一本关于路易斯 · 普赞的书。

访谈者：您想写一本书？

尚塔尔：是的。用法语写，书将在 20 天内完成。

访谈者：好吧，那您已经有文稿了？会在法国出版吗？

路易斯·普赞、普赞伴侣 Chantal Lebrument、Philippe Renard 和方兴东合影

尚塔尔：还没详细商量好。

访谈者：也可以在中国出版。

尚塔尔：是吗？

访谈者：至少我们可以把它翻译成中文。

尚塔尔：当然，这很好。

访谈者：是您写的？

尚塔尔：是的，是我和路易斯·普赞的一个女儿合作的，她是位很优秀的艺术家，负责书的制作、设计，非常有趣。因为很多图片都是新颖的历史图片，我们不怎么需要用文字写。

访谈者：您对欧洲互联网先驱有什么评价吗？您认为谁对欧洲的互联网发展做出了最大的贡献？

路易斯 · 普赞：我觉得还有英国人唐纳德·戴维斯[①]，他

---

① 唐纳德·戴维斯（Donald W. Davies），1924 年出生，英国计算机科学家。参与了英国第一台计算机的研制；主持了英国第一个实验网的建设；分组交换技术早期研究者之一，帮助电脑能够彼此通信，使互联网成为可能。于 2000 年 5 月 28 日逝世。

开发了一个严格意义上的本地分时系统。他是美裔英国人。他和通用电气公司有联系，并持续了很长时间。他通过在伦敦的英国国家物理实验室创建了互联网接入点。他是在英国电信公司的同意下创建的，并向互联网开放了他的系统。他是阿帕网的一个很好的宣传人，将阿帕网传播到法国和美国以外的地方，包括德国和挪威。挪威有一个北约中心，他们也有互联网接入点。所以，他就这样推广阿帕网，但速度不是很快。

访谈者：那么，还有谁也做出过贡献呢？事实上，两周前，我们采访了一位德国互联网先驱维纳·措恩[①]，他加入了加州大学洛杉矶分校，最终把互联网带到了德国。

路易斯·普赞：他是意大利籍德国人，但他只是写了论文。我想他建立了一个工作系统，我们经常接触，进行具有开拓意义的讨论，不过没有讨论太多的个人问题，他用

① 维纳·措恩（Werner Zorn），1942年9月24日出生，计算机科学家，德国互联网先驱，被公认为“德国互联网之父”。德国卡尔斯鲁厄大学信息计算中心负责人。1984年，带领研究团队创建了将德国连接到互联网的基础设施。1987年9月20日，帮助中国从北京向海外发出中国的第一封电子邮件。2013年入选国际互联网名人堂。

另一种狂热的方式来推行 TCP/IP。当时，人们对分组通信没有共识。

访谈者：是的，他当时确实和温顿·瑟夫，还有鲍勃·卡恩合作过。他是一个德国的博士生，在加州大学洛杉矶分校就读。非常感谢您接受这次采访。

第二次访谈

访谈者：方兴东、钟布
日　期：2018年11月12日
地　点：巴黎的联合国教科文组织办事处

访谈者：今天是 2018 年 11 月 12 号。我们非常荣幸能在巴黎的联合国教科文组织办事处采访您。我们真的非常感谢您告诉我们如此多法国互联网的发展和演变。而今天我想问您的第一个问题是：回到 20 世纪六七十年代，当时欧洲科学家和美国科学家在创建早期的互联网（虽然当时我们最初并不这么称呼）时的关系是怎样的？当时是谁受谁的影响？是美国科学家一直占主导地位吗？

路易斯 · 普赞：不是，当时发生的事是否重要是另一回事，反正也并不重要。但当时的事情是这样的：大概是 1957 年或 1959 年，西班牙研发了一个计算机系统，用来处理银行交易，因为他们想设计一个适用于西班牙银行的计算机系统，不久就把那个系统搭建出来了。那个系统很先进，当时世界上其他国家都没有，我记得用的是 UNIVAC（通用自动计算机），好像是 1958 年或 1960 年，具体年份我记不太清楚了。美国当时可能在科学家、商业领域以及其他方面占据主导地位，但是在通信领域、远程计算机网络方面没有占主导。那时大家用的是 LRT（长程输送）设备，它的产地包括德国、法国、意大利等一些国家，也有美国，那是第二代系统。那个系统可不简单，因为里面包含很多不同的芯片，而当时有能力搭建检测系统的人寥寥无几。这个系统发展迅速。到了 20 世纪 60 年代末，大概是 1968 年或 1969 年，有三个不同的计算机通信网络同时问世。其中一个是 Timenet，由一家叫吉立通的公司研发。他们很聪明，竟然安装了接入设备，有了它，人们即使不在美国也可以享受他们提供的服务。但是他们略施了一个手段：网络只供自己用，他们不提供给竞争者使用。

访谈者：您刚才说的第一个计算机网络是？

路易斯 · 普赞：Timenet。

访谈者：Timenet。好的，当时它是哪个国家搭建的？

路易斯 · 普赞：美国。之后，吉立通又把服务给竞争者用了，由此赚了一些钱，用这些钱继续扩大他们的网络，这样他们的网络就变得越来越便宜。所以他们没必要再建一个系统，Timenet 非常开放，他们没想要垄断。渐渐地，Timenet 变成了国际通用的日常通信系统，其他国家的人都在用，比如法国人用 Timenet 来进行全球通信，他们本也可以在国内通信时用，但是他们更想把流量留在全球通信时用。很多国家使用在 Timenet 时是基于全球数据通信系统的。

访谈者：这是您提到的三个计算机网络中的第一个？

路易斯·普赞：对，这是第一个。第二个是航空通信网络。在航空兴起之后有了这个系统，可以从网上查看航班信息，网上订票。

访谈者：那是哪一年的事？

路易斯·普赞：1971 年左右。

访谈者：是哪个国家的呢？

路易斯·普赞：应该很多国家都有，比如美国、一些欧洲国家等。所有大的航空公司都连上了航空通信网络。我觉得世界上很多大的航空公司，包括俄罗斯航空公司等都连上了，可能中国也是，这个我不是很清楚。任何飞行流量大的地方，比如南美，都连上了。这个网络实现了一个突破，因为在我们预订机票的时候，这个网络能提供额外通信，比如提供航班信息。他们可以通过这个网络知道哪些航班要起飞，这样一来，他们就可以提前做好规划。此外，如果有人不得不在中途改变航线，就可以随时保持通信，以防有航班取消或延误。所有人都可以以某种方式保持同步，非常智能，但是不知道当时有没有这样的航空公司。我认为，第二种网络主要服务于大型的航空公司。而且，第二种网络出现之后，那些大的航空公司就开始不以统一的服务而是以统一的通信服务为标准进行合并了。结果就是，10年后用于机票预订的大型航空通信系统就只剩三四个了。大多数人不知道谁是先驱，但是他们所做的当时确实史无前例，也就是语音通信电路粒子数据传输。我们知道当时的电话线可靠性并不强，所以就出现了数字电路，如果相隔几百公里就得用这个了，因为用电话线的话，通话位置和速度都会受限。因为他们有计算机来连接这个系统，互相之间进行连接，当时参与的不止一家公司，很多航空公司共同合作给自己发出改进请求，自己回复是否确认，等等。因为任何小事故都可能导致飞机延误。航空公司不得不这么做，但是其不愿意将服务提供给那些新兴的航空公司。

访谈者：私营航空公司是由其自己公司出资的，而不是由政府资助的？

路易斯·普赞：机票除外。机票收入也是一部分。

访谈者：好的。

路易斯·普赞：现在我们来讲第三种，第三种计算机网络就是阿帕网。当年大约是同时，美国国防部高级研究计划局，也就是阿帕，就发起了这一倡议。美国人先行一步，当时美国人非常激动或者说有些兴奋。我觉得在20世纪70年代初，美国人仍然怀有一种想法，认为俄罗斯也在研发同样的系统，所以他们不能向美国发射武器，可能这有点不太合理，但是当时美国人确实在建造炸弹掩体。这就给了他们机会建造通信系统，而这会让他们在经济上有很强的抵抗力。

访谈者：所以，如果初期所有的国家都参与其中，去搭建这个网络，你们会不会有这样一种想法，就觉得，好吧，我是法国人，我不想让美国在通信领域占主导？还是你们就想着我们就尽自己的本分，把自己能做的做好，努力把这个网络建成？

路易斯·普赞：为什么要藏着掖着呢？这是当时法国总统蓬皮杜的目标，他坚决反对美国主导，尤其是在通信领域。他鼓励发展计算机网络行业，以促使计算机快速发展，解决跨大西洋通信问题以及建造可以检测飞行物体的雷达。这对一些领域来说是有帮助的，它们受到长期的垄断威胁。

最初想法是这样，这在当时也没被认为是什么非同寻常的想法。这些领域只想受到保护，这也是这一想法出现的原因。所以它由一家非政府机构全权掌控，那是一家由国家政府部门资助的市级机构，通常会在美国搞一些能够提高陆军国防能力的研究。

访谈者：所以当时欧洲的一些国家也有这个想法，认为即便这是计算机网络发展的早期，也不能由某一个国家在这一领域占据主导地位，是吗？

路易斯·普赞：有反对力量存在，他们就要确保安全。但是我认为当时欧洲的情况是确实有很强的动力促成这一想法，那些反对力量肯定会解决一些问题，然后就是欧盟创建了一个组织，名字我忘了，你可以在历史资料中找到。当时要建立计算机网络这一想法在欧洲兴起的时候，没有任何报道或者传言能让我们了解到美国人在做什么，除了他们在做炸弹掩体。他们在1969年开始行动，我们几乎立刻就知道他们是在做这个。虽然美国官方称只是为了防御核武器袭击，但当时已经是计算机技术助理的我立刻就对建设计算机网络的技术产生了兴趣，而且我觉着计算机领域的大部分人跟我想的如出一辙。美国已经行动起来要建设计算机网络了，那我们要做些什么呢？

访谈者：我想问一些关于郭法琨[①]的事情，郭法琨是互联网的先驱之一，我们曾经也跟他聊过，您对他的印象如何？

路易斯·普赞：郭法琨？我不太记得他。

访谈者：您知道ALOHA[②]项目吗？

路易斯·普赞：有所耳闻。

访谈者：项目在夏威夷实施。

路易斯·普赞：你说的是在夏威夷启动的那个独立实验吗？

访谈者：对，是的。郭法琨就参与了这个项目。

路易斯·普赞：我刚刚没听清楚这个名字。我刚才以为

---

① 郭法琨（Franklin Kuo），1934年生，全球第一个无线数据通信网络Aloha系统的负责人，曾在斯坦福研究院（SRI）担任过互联网信息中心（NIC）的主任。是为全球互联网诞生和发展做出关键性贡献的最重要的华人。

② ALOHA，夏威夷人表示致意的问候语，也是1968年美国夏威夷大学的一项研究计划的名字。第一个使用无线电广播技术作为通信设施的计算机系统是夏威夷大学的ALOHA系统，采用的协议就是ALOHA协议，它分为纯ALOHA协议（Pure ALOHA）和时隙ALOHA协议（Slotted ALOHA）。

你说的是“That's fun，cool”（与郭法琨的英文名 Franklin Kuo 读音相近）。好吧，我听错了。

访谈者：没事的。所以，您对他的印象如何？

路易斯 · 普赞：我觉着郭法琨在组织夏威夷的实验的时候很积极，他必须应付四五个机构，有些是私立的，有些是公立的，还要获得许可安装、使用卫星。我不认为钱是问题，因为这对于美国来说是一项很重大的工程。但是他们必须要再引进一些更重要的科学家，或者去请一些想要去夏威夷的科学家，因为不少科学家因为本国有工作要做就推辞了。那次实验很成功。从那开始，我开始建造互联网。我当时用的是电缆，后来把它跟其他东西一起都整合到了阿帕网里面。因此，大家才能够跟世界上任何地方的人通信，包括夏威夷。

访谈者：您能回想起一些 1973 年的事情吗？尤其是 1973 年 9 月在英国发生的事。当时有一个七天的会议①，很

---

① 1973 年 9 月，在英国伯明翰的萨塞克斯大学召开了 INWG 会议，温顿 · 瑟夫和鲍勃 · 卡恩提出了互联网的基本概念。

多欧洲和美国的科学家都聚集于此探讨互联网（当时可能不叫互联网），其中包括拉里·罗伯茨、鲍勃·卡恩……

路易斯·普赞： 还有我。

访谈者： 对，还有您，您当时也参加了。所以那是一场什么性质的会议？

路易斯·普赞： 非正式会议。

访谈者： 非正式会议？

路易斯·普赞： 当时他们已经是 INWG 的成员了，这个组织已经存在好几年了，我记得它好像要针对各种各样的互联网话题定期举行会议，当时也没有一个专门的计算机网络机构，所以是时候指派一个人来负责组织和运营一个专门的机构。然后不知怎么的，我意识到自己在 1970 年或者更早的时候就已经认识了美国高级研究计划局的人，于是我找到联系方式，问了一下 INWG 的情况，我认为我也应该参与其中。可能我当时找到了关键的人，于是，就出席了这个美国和英国科学家都出席的会议。但是我并没有被邀请参与后续的事情。所以在法国的时候，我跟郭法琨先生有过一次会面。之后我们又有了另一次会面，当时他好像是去华盛顿，那时候是阿帕网发展的初期，阿帕网这个概念还没有完全确定下来。

访谈者：那次非正式会议，您所指的非正式的意思是会议举办时间灵活，可以是上午或下午，还是去酒吧边喝酒边讨论之类的非正式呢？

路易斯 · 普赞：我们当时喝了一两天酒，在第三天晚上开始会议。

访谈者：好的。所以您获得了一些信息。您当时见到麻省理工学院的人了吗？

路易斯 · 普赞：没有，没有见到麻省理工学院的人，因为政治原因，1963 年到 1965 年的这两年我在麻省理工学院待着。因为这个原因，我在约克郡也待过一段时间。我当时在美国以及麻省理工学院已经小有名气了，他们写过炸弹掩体的事情以及其他一些我们可以探讨的事情。但是那次会议一点都不正式。

访谈者：好的。我明白您在搭建法国的互联网或法国的计算机网络的时候起到了至关重要的作用，那有没有其他人也参与其中，跟您合作，或者是给您提供了一些帮助，也就是说除您之外有没有其他法国互联网的先驱者呢？

路易斯 · 普赞：事实是，我当时在布尔公司工作，也正是在那段时间，我得以进入麻省理工学院。

访谈者：哪家公司？

路易斯·普赞：布尔公司，B-U-L-L。

访谈者：布尔公司，好的。

路易斯·普赞：当时高校跟行业之间的接触很少，我是第一位既在计算机网络行业里工作，又能够跟高校院系沟通的人。所以我那时在法国已经很有名了。一位长得像美国人的意大利人带着我在欧洲不同的地方上课，为了计算机网络，我一路从美国回到欧洲，当时的我还没有什么经验。1969 年，美国人开始建造阿帕网。1971 年，法国总统派了一批人，包括 15 个科学家，还有几个组织去美国参观学习计算机网络建设策略以及行业建设的人，开始探索建立一个全国性计算机网络的可能。

访谈者：您的同事和学生帮助过您吗？

路易斯·普赞：帮助过。因为最初是他们去美国做了一个报告，建议美国政府去建设类似于阿帕网之类的计算机网络，并专门创建一个委员会和一个部门来负责搭建这一体系。之后，他们立刻给我打电话问我是否准备好开始搭建这个系统，我说当然可以。那是我从事的第一份跟计算机网络有关的工作，我必须得努力根据法国的气象学建设一个系统。当时的计算机网络是用 UNIX 建造的，那是一种管状的操作系统，那个时候懂 UNIX 的人寥寥无几，UNIX 并没有完全普及，因此我在高校圈里是出了名的对 UNIX 很懂行。他们在物色项目领导人的时候就找到了我，问我愿不愿意，我就答应下来了。

访谈者：所以在计算机网络诞生的早期，除了您为此做出了巨大贡献以外，有没有其他科学家，比如法国科学家，也对此做出了很大贡献？

路易斯 · 普赞：理论和数学方面有很多人，但是真正在应用方面，就没有几个人能做到了，因为他们没有资源。绝大部分高校的教授在授课的时候，是以理论为主，并没有真正编程的经验，没有能够在计算机上建造系统的技术。可能学生们有一点极少的相关知识，但这些知识远不足以去建造计算机操作系统，所以当时在这方面法国没有人比我更专业。

访谈者：最后发达国家是在什么时候拥有了阿帕网？此外，在计算机网络发展的早期，您有想过发展中国家也会从中受益吗？您当时有过这种想法吗？

路易斯 · 普赞：有过。我是直到一些理论从欧洲和美国传过来的时候才有这种想法的。因为当时我已经创办了一个计算机通信小组，我自己就想努力地把它在欧洲扩大，于是我就提议成立一个欧洲小组，里面有德国人，还有欧洲一些其他国家的人，但是并没有包括现在欧盟的所有国家，不过当时也已经有五六个国家的人加入了。任何国家的人，只要他们想来，我们就同意他们加入，其中包括来自挪威和瑞士的科学家，当时挪威和瑞士还不是欧盟成员国。后来我们的小组就有了来自意大利、西班牙、葡萄牙、英国、德国的成员，大家来自很多不同的国家，我们一起完成这个项目。我尽我所能去聚集更多的人在欧洲做些事情。

访谈者：非常感谢您告诉我们计算机网络发展前期的事情。

路易斯·普赞：当时在法国建造的 CYCLADES 计算机网络在 1973 年开始运作。这早于新版的阿帕网，新版的阿帕网和阿帕网的数据传输诞生于 1983 年[①]。

① 指 1983 年阿帕网正式采用 TCP/IP，之前采用的是 NCP（网络控制协议）。

访谈者：今天早上我们听说仇恨言论是互联网的一大挑战，您觉得在未来的 50 年里什么才是互联网的最大挑战呢?

路易斯 · 普赞：这些挑战都会被克服的。我觉得最大的挑战很有可能是社会学方面的挑战。

访谈者：哦，社会学方面的挑战。好的。此外我们还想问您一下关于 TRANSPAC① 的事，这是法国自主设计的还是?

路易斯 · 普赞：那是一个很成功很重要的项目。如果你不知道那个项目的话，那么不只我，很多人都要批评你了。那是个由法国邮电总局下的 PTT 公司启动的独立项目，叫作 TRANSPAC，这是该公司自己设计的连接导向数据传输网络。我觉得十有八九是当时的垄断企业法国电信领头人的主意，因为他们听说英国已经有了类似的项目，但这个项目在设备的使用上不太令人满意，而且技术含量也不高。所以这家公司的领导就决定启动 TRANSPAC。但是他们还得雇一些人，虽然法国电信内部已经有很多能干的人才。他们把大部分琐碎的任务都下发给计算机行业的人去做，比如说制造终端的原型，以及生产一些特殊的调制解调器，

① TRANSPAC，指法国远程分组交换公用数据通信网。

以帮助他们顺利完成一个好项目。由于分包了出去，他们进展得很迅速，大概花了两到三年，不超过三年，然后他们就把终端免费分发出去了。如果用户要用，他们就需要付费，而且价钱也不低，我们当时就是付费用的。

访谈者：哦，是这样啊。

路易斯·普赞：它独立于计算机网络，用的是电话网络，并不是特别的计算机网络。当时并不是很成功。

访谈者：好的，非常感谢您抽出时间接受我们的采访。我知道您马上还要飞去上海，尽管如此，您还是愿意抽出这么多时间给我们，真的非常非常感谢您和您的伴侣。明年就是互联网 50 周年了。我们都得益于您的付出，您做了如此多的工作。

路易斯·普赞：大家会对这个感兴趣吗？去回顾一些过去的历史？

访谈者：会的。

路易斯·普赞：嗯，我们应该让人们了解发生了什么，并开始呼吁更多的人投入更多的资金进行新的研发。

第三次访谈

访谈者：方兴东、范媛媛
日　期：2019年4月9日
地　点：信息社会世界峰会会场/日内瓦国际会议中心

访谈者：那好，我们开始吧。请您讲讲 CYCLADES 对 TCP/IP 的影响。

路易斯·普赞：好的，我觉得一开始，基本上它没什么影响。因为 TCP/IP 是由鲍勃·卡恩和温顿·瑟夫创造的。那个时候 CYCLADES 网络已经可用了，基本上没什么影响。事实上，TCP 的影响在 10 年后才显现出来，因为它在 1983 年才正式启用。但是 CYCLADES 网络在 1973 年，也就是 10 年前就可用了。TCP 的影响主要在西方世界。因为美国有大量资金用来资助研究项目，而其他国家没有资金可以持续资助项目研究。

本来于 1969 年上任的法国总统乔治·蓬皮杜，是支持 CYCLADES 网络的，但在 1974 年蓬皮杜去世后，法国换了总统，法国政府转而开始反对这一项目。新上任的总统吉斯卡尔·德斯坦在任 7 年，他对科技类的研发不感兴趣，更加偏向于政治。受到产业游说的影响，1978 年，政府将

CYCLADES 项目的预算大幅削减。我的发明遭到了当时在电话行业占有主要市场份额的法国 PTT 公司及其他国营电信供应商的联合抵制，因为 CYCLADES 网络威胁到了 PTT 等国有公司的传统商业模式。支持数据通信的蓬皮杜政府本来预测许多欧洲国家的公司会和支持 CYCLADES 网络的汤姆逊公司结成联盟，包括荷兰的飞利浦、德国的西门子等。但西门子把这些公司当成竞争对手，不愿意结盟，从而导致整个数据通信项目都被抛弃了，CYCLADES 网络自然不能幸免。

还有，支持吉斯卡尔·德斯坦竞选的产业，实际上是美国操纵的。美国人利用世界对 TCP 全面开放这一点，在世界各处匆忙地安装了 TCP。正因为他们匆匆忙忙的，或者可以这么说，他们既没有时间，也不愿意去做一些更加重要事项的研究，比如跨国资源的整合、语言、安全问题，或者研究不同国家的不同法律权利。在美国人看来，互联网就是一个由美国控制的一个单一的巨大网络。所有的国家都要连上这个网络，而美国就是世界首领。所以后来 CYCLADES 网络被抛弃，不过它的理念却没有被抛弃。因此 2003 年我们在日内瓦举办了第一届信息社会世界峰会，2005 年在突尼斯举办了第二届。据我所知，当时联盟里共分成三组，有美国人及其追随者，包括英国、澳大利亚、新西兰，还有日本。

访谈者：还有瑞典？

路易斯·普赞：没有瑞典。瑞典人不想再一次受到也门的限制，和也门闹矛盾。同时他们也不想让也门再次在那些北欧国家和一些没有政治话语权的国家中占据主导地位。但是来自英国、美国、加拿大、澳大利亚，还有新西兰的与会人员，都在美国那组人里面。日本因为输了第二次世界大战，所以他们现在又得跟着美国。其他和美国对立的国家让巴西来做宣传者。我们参加了和美国意见相左的国家所主持的会议，他们举办的多次会议都邀请我们参加。这个由不发达国家组成的组织，叫作77国集团[①]，事实上不止77个国家。因为77在英语语法里代表一个特别大的数字，就像是36对法国而言是一个非常大的数字一样（类似中国的数字3，三生万物）。我觉得最后77国集团大概有102或103个成员国吧。在一年半的时间中，我们受邀参加77国集团举办的会议，而那些支持美国的国家举办会议从来不邀请我们。所以我经常被邀请跟他们分享关于为所有国家或所有语言建立单一网络的想法，把语言也统一成一种语言，英语就不错。这听起

① 77国集团（Group of 77，缩写为G77），是发展中国家在反对超级大国的控制、剥削、掠夺的斗争中，逐渐形成和发展起来的一个国际集团。

来非常不现实，但是说服政客并不难。所有参加会议的政客都对日内瓦非常了解，但他们是外交官，对数据通信一窍不通。所以我们也很聪明，没和他们讨论具体的技术细节，只是说服他们一个单点的垄断网络是不可能的。

我们就是这么开始的。2005 年在突尼斯举办第二届信息社会世界峰会时，我们创建了一个文件，别名叫“突尼斯议程”，该文件倡议所有国家都应该成为互联网发展的一部分。这个文件迄今依然有效，尽管它在某种程度上还有争议，但它从未被任何其他更近期的文件取代。对所有国家、所有语言来说，互联网应该是可接受的，但没有任何迹象表明谁将成为互联网的主人。有人提议应该有一个互联网的论坛，也就是至今仍存在的信息社会世界峰会论坛，讨论数据通信发展对世界的影响。这样所有国家都会团结一致，任何国家都不会落下，这有利于缓解国家之间的隔离，而我们那会儿没有适当的经济资源去控制或教育等，所以实际上适得其反了。

访谈者：温顿博士之前提过，他在很大程度上受到您的网络建构思路的影响。

路易斯 · 普赞：温顿和鲍勃都是撰写 TCP 规范的人。他们都在美国政府机构中工作，负责为正在发起项目的机构人员分配资金。一方面，他们基本上是管钱的人，他们决定谁能得到钱，谁不能得到。显然这是一种控制，他们控制着决定发展哪些协议和在哪些国家发展的权利。但另一方面，毫无疑问，他们都是优秀的工程师，当他们开发 TCP 时，他们知道我们原来在做什么，因为 1972 年他们来巴黎访问时，我们都是不保密的。他们访问了法国电信，也许还有其他人一起。他们确切地知道我们在做什么。我们给他们全面介绍了开发 CYCLADES 的运作方式。

访谈者：温顿和鲍勃都来了？

路易斯·普赞：他们来到巴黎参观，可能是因为之前与英国有过类似的会面。那时还没有委员会，没有商业秘密。我们所做的一切都公之于众，关于我们开发 CYCLADES 的计划都已经发表在文章里。这是一群拥有顶尖通信知识的人，这个小组发表了不同的论文。第一篇关于 CYCLADES 的论文是描述 RFC[①] 的技术细节的，我记不起来了，当时还

① RFC，即征求修正意见书，Request for Comment 的缩写，用来记录和分享协议开发设计的系列备忘录。斯蒂芬·克罗克（Stephen Crocker）于 1969 年 4 月 7 日发出了第一份 RFC，题目为“主机软件”。

没有真正的期刊。这是首篇关于 CYCLADES 操作的公开文章。我也发表了文章，当时没有任何体系可言，是非常基础的技术，但文章特别描述了 CYCLADES 如何成为所有语言通用的多向安装网络。当时根本没实现，也没那个打算。温顿和鲍勃之后用了 10 年时间来做 TCP。但他们用的论点不是很理性，因为是在 CYCLADES 之后做 TCP。

访谈者：您以前接触过阿帕网吗？

路易斯 · 普赞：接触过。

访谈者：哪一年呢？

路易斯 · 普赞：1971 年开始我负责 CYCLADES，美国是阿帕网，英国的国家物理实验室，成了一个 INWG 工作组，应该是 1972 年 10 月，在华盛顿的第一次会议上，所有专家或是有项目的人都来了，我们开始讨论国际性的东西，都认为应该有更多国家参与互联网的发展。当时的互联网还不叫互联网，而是叫阿帕网，因为阿帕（美国高级研究计划局）是资助机构，是军方机构。军事资金背景对其他国家来说可能不舒服，因此他们想改掉阿帕这个名字，大家都心知肚明，这就是为什么它改成了后来的互联网。世界互联网已经在技术讨论中提及了，当时需要特定协议让不同网络相互关联，但是那会儿协议还不存在。那时“Internet”还只是一个词，还不算网络。1983 年才成为网络。

访谈者：您那会儿对阿帕网的印象如何?

路易斯·普赞：那时它也就算个原型，基本上是基于数据通信之类的原理。这意味着它在某种程度上是单一的网络，挺落后的，因为那时电话网已经是基于多个国家网了。但当时美国像往常一样想要控制世界。因此，他们在设计网络时，想让它就是唯一的网络，挺幼稚的，但这就是当时的情况。怎么让服务分布到其他国家呢，得实施单一协议才能连接到单一的阿帕网。其他国家将不得不实施 TCP，当时还没有实施。对我而言，这不切实际，是不可接受的，根本不现实，我从一开始就发表论文告诉大家我的这一观点。

访谈者：较之于阿帕网，您做了哪些改进?

路易斯·普赞：如果是阿帕网，当你想要连接到另一台计算机时，你必须首先建立一个连接。这就意味着要从机器到机器进行分布，才可以双向传输数据。做好域名和连接后，每一个连接都得这么做。没有多向的通信，没有使用特定目的点的通信；为了达到目的点，必须指定中间节点。它本质上是模仿电话系统，比如说从挪威到南美，你想打电话给我，得从一个国家连接到另一个国家，直到到达目的地。但如果没有多串口数据采集，得有一个国家管理整个世界。这种设计是很幼稚的。

访谈者：这是您对TCP最深刻的印象吗？

路易斯·普赞：印象嘛，因为在1973年到1983年之间，我们与当时的专家们进行了不同的会谈，并得出了三款产品提案，每一款都是在前一款的基础上进行改进，一个就是美国的方案INWG39，欧洲方案一开始是INWG42，后来就变成INWG61，后来两个方案合成了最终成果INWG96。从发表了第一篇关于CYCLADES的论文开始，到1983年，我们发表了多篇论文，这些论文传播很广，参与讨论的人显然都是与数据通信领域相关的，我参与其中，温顿和鲍勃也在，甚至包括来自日本的专家。我不确定是否有中国人，但我记得有德国人，大多数是来自欧洲国家的专家。很多人都在讨论，虽然讨论不一定有效，但他们都来了。最后的共识就是INWG96应该是未来的协议，是未来的互联网。但在1976年到1977年，美国说不要INWG96，退到INWG39，单方面决定不发展互联网。在这一点上，他们是不寻常、不太专业的。从本质上讲，美国就是单边和主导。

直到1983年才达成了TCP/IP的共识。

访谈者: 您第一次见到温顿是什么时候?

路易斯·普赞: 嗯,第一次可能是在纽约开会的时候,他好像也在会上。我记得一开始我负责CYCLADES时就认识鲍勃了,并且访问了美国许多地方。因为我在麻省理工学院待了3年半,鲍勃好像是我在美国唯一认识的人,然后我去了麻省理工学院、哈佛大学、加州大学伯克利分校、芝加哥大学。在美国的中部,我遇到了一群研究域名的人,他们在讨论如何处理域名和访问别人。华盛顿有很多政治人物,犹他州盐湖城也许有十几家机构。那个时候正在犹他州盐湖城读博士的一些人现在变成了重要人物。而我和这些人打交道,是在我第一次参观美国的时候,细节并不是很重要,显然所有的事情都会改变,但了解这些人更重要,因为这样我们就可以联系并邀请他们开会、发表论文,等等。

大概是1972年,我发表了关于CYCLADES的论文,首次引入了通过终端(而不是网络)来保证数据有效传送的概念,这一想法被鲍勃在做TCP/IP时借鉴了,可是我在看到提案细节时,发现他们完全误解了我所理解和设计的CYCLADES。他们的想法可能跟电话系统差不多,阿帕网使用物理地址连接到网络，就像电话一样，必须发出请求，而网络的输出点的地址就像电话，这一点当时很落后。可以这么说，CYCLADES 是如此先进，所以回不去它的设计方案，这完全不现实。都已经 10 年了，还没完全准备好。

访谈者: 您开发 CYCLADES 是在 1971 年到 1973 年之间，当时的情况如何?

路易斯 · 普赞: 是的，我开发 CYCLADES 的时间是在 1971 年至 1973 年之间。那时我在 IRIA，这个研究所就是为了 CYCLADES 计划而创立的，在 1981 年前，它被作为“计算计划”的一部分而创建。当时，乔治·蓬皮杜总统设定了目标，他尽管没有具体的技术知识，但非常了解政治和地缘政治战略。蓬皮杜总统认为法国必须在国防方面以及在科学发展方面独立自主，这是至关重要的，所以政府把足够的资金投入一个名为“Plan Calcul”的预算计划中。Calcul 的意思是计算，用中文表达大概就是“计算计划”或“计算项目”。总统认为，法国必须及时更新并开发工具和方法，仰仗计算机提供第一道防线，这就是建立原子弹时代的防线。美国人当然不希望法国研究原子弹，他们希望我们放弃这些计划。因此，美国的目的并不是非常友好。这就是为什么我们的目标是让法国的 IT（互联网技术）自主。

计算机开发是实施法国工业计划的一部分，是普及法国科学知识的一部分。哦，那也就是我的角色。就在那时，我离开了我当时工作的任务委员会，被 INRIA[①] 聘用，这是理所当然的搞科研的地方。研究计算科学发展，大学也是项目的一部分，但那时大学还不是很发达，主要是因为那时候没有受过计算机训练的人。此外，法国最具影响力的书籍中仍然没有这方面的介绍，人们当时对计算不太感兴趣。这就是为什么政府不顾 INRIA 的反对，开始建立全国性计算机网络的研究所 IRIA 的背景。我在 1972 年刚加入 IRIA 时，有一个五六个人的团队，后来有更多的人。其中有一位来自 CII 的工程师，CII 是一家为建造计算机而创建的法国公司。一位是当时大学的工程师，团队里还有其他两个人。他们都是聪明的人，工作勤奋，彼此了解，而且

---

① INRIA，全称为 Institut National de Recherche en Informatique et en Automatique，法国国家信息与自动化研究所（或称法国国立计算机及自动化研究院），于 1967 年在巴黎附近的罗克库尔创立，为法国国家科研机构，直属于法国研究部和法国经济财政工业部，其重点研究领域为计算机科学、控制理论及应用数学。它与 IRIA 的区别为，IRIA 是非国有的，而 INRIA 是国有的。

不会相互竞争，有一致的目标。这其实就够了，不需要那么多人来开始这样的项目。我们的资金来自政府机构。

访谈者：您那时一天工作几个小时？

路易斯 · 普赞：那时，我大概每天睡 6 个小时，3 个小时吃饭，可能工作 10 到 15 个小时。无论如何，我白天和黑夜都在工作，每天如此。有时候会放假，我在很长一段时间内都喜欢徒步，所以徒步旅行也占据我时间的一部分，但仅限度假的时候，我并不是每一天都去徒步。我想说，CYCLADES 是最有启发性、最鼓舞人心的项目。

访谈者：您与拉里 · 罗伯茨的关系怎么样？他 2018 年年底去世了。

路易斯 · 普赞：拉里 · 罗伯茨？有一次我访问美国时见到了他。

访谈者：是在麻省理工学院吗？

路易斯 · 普赞：我不是在麻省理工学院见到他的，他已于早些时候离开麻省理工学院了，我是在波士顿以外的一个实验室见到他的，他在研究不同的事情。当时他好像已经被任命为阿帕网项目的副主任，或者什么别的职位。他是被选拔出来的，但他不想去美国高级研究计划局，你知道，他是被赶上架的。我想是在 1974 年，我在华盛顿做一次关于 CYCLADES 的报告时见到了他。我不知道他当时具体在做什么。

访谈者：您对拉里 · 罗伯茨的印象如何？

路易斯 · 普赞：我的印象是，拉里 · 罗伯茨实际上是一个决策者。因为当我与其他人交谈时，他们会说，我们得问问拉里。所以我认为他拥有很大的决定权，能够推动决策，他也一直在推动人们做事。我在 BBN 公司——就是在波士顿附近开发出 IMP[①] 的那家公司——最初遇到的那些人也很出色，他们给出了做事的规范，这不是秘密。后来，当我阅读这些规范时，我说，我们不会这样做，我们走吧。当然，这不是真的。我们当时的最佳方案就是应该接受它。我有一个计划，聘请了 BBN 公司的顾问，这样我们就有了技术细节方面的支持，以确保我们不会犯太多错误。好吧，我没怎么见过拉里 · 罗伯茨，一般是在会议中遇到他，但不是私下约见面。他太忙了。但无论如何，我们非常友好。

---

① IMP，全称为 Interface Message Processor，即接口信息处理机。按照阿帕的术语把转发节点通称为 IMP，IMP 是一种专用于通信的计算机，有些 IMP 之间直接相连，有些 IMP 之间必须通过其他 IMP 间接相连。

访谈者：那您对拉里 · 罗伯茨的贡献有什么看法？

路易斯 · 普赞：他绝对是个鼓舞人心的领导人物，我认为他不见得会想得面面俱到，但他知道怎么把其他人的想法更好地展现出来，转换为现实。他能很快从现实技术中得出结论。然后，当他认为有好主意时，他会自己写一篇关于使用它的论文，并传播该论文，论文是免费或公开的。这并不意味着一切都会纳入阿帕网，但是这些想法已经有了轮廓，他有能力展示他正在思考什么，能做什么，如何展现研究实验室或其他人提出的想法。他绝对是一个非常非常有能力的团队领导。

访谈者：您后来没有再跟他联系？

路易斯 · 普赞：他创建了自己的公司，名为 Telenet[①]。BBN 公司的人不知怎么也被欺骗了。因为拉里使用 BBN 公司为阿帕网写的相同代码，结合实际情况修改了部分代码之后，建立起了自己的设备，用自己的开发成果来创建

① Telenet，即远程网公司。拉里 · 罗伯茨于 1973 年离开美国高级研究计划局，BBN 公司聘他主管一家新开设的名叫 Telenet 的公司，把私营分组交换服务推向市场。

Telenet 网络。BBN 的人对此并不太高兴。这就是他的决定，拉里的决定，他不想依赖 BBN。他选择了网络，但不想要 BBN，我也不想要 BBN。

访谈者：为什么荷兰是美国之外的第一个节点？（助理：不是荷兰，是挪威）

路易斯·普赞：那是一个位于挪威的美国军事基地，不属于挪威，仍然处于美国的控制之下。美国在英国有一个基地，在挪威有一个基地，我想在日本也有一个基地。它完全处于军事控制和金钱之下。

访谈者：您和挪威的那些人有联系吗？

路易斯·普赞：没有。

访谈者：那么您还记得欧洲接受 TCP/IP 的过程吗？

路易斯·普赞：TCP/IP 是在后来（1983 年）才出现的。阿帕网是 1969 年，它确实连接了许多计算机，但这些计算机全都受美国控制，也许英国可能有一些控制权，我不确定。阿帕网基本上是基于 BBN 的设计，而且一直是美国在维护。这是美国的机器，当时它并没有对用户开放。1972 年 10 月在华盛顿希尔顿酒店举办的国际计算机通信会议上阿帕网首次开放展示。他们做了很多努力。阿帕网足够令人信服，尽管使用起来相当复杂，但它肯定是我们以前从未见过的东西。在美国的各个地方，有一些特定的研究项目，例如分析文本，以便翻译或朗读文本的项目，像许多研究实验室一样，可能有 15 或 20 个小团队，我们研究阿帕网的应用，但阿帕网没有占市场主流。阿帕网的一个基本元素就是用户，他们调动研究团队来尝试使用阿帕网。

访谈者：您在 1969 年见证了互联网的诞生吗？

路易斯 · 普赞：1969 年？有可能。事实上很难确定互联网诞生是什么时候，要看如何定义。不过，1969 年确实有一些互联网项目在运作了。加州大学伯克利分校的人们可能已经在研究通信，他们后来可能是某些不同公司的人，比如 BBN 正在进行通信研究，以便能够识别和追踪计算机，等等，但是没有网络。这只是我们为了准备系统的每个部分而进行的基本实验。

访谈者：您在 20 世纪 80 年代的生活是怎样的？

路易斯 · 普赞：我在 1974 年休息了一段时间。那段时间对我来说是一个很大的变化，那是蓬皮杜总统去世，新当选的德斯坦总统上任之际。新政府叫停了一切项目，包括 CYCLADES 项目，但这并不是停止 CYCLADES 的真正原因。当时法国的游说集团针锋相对，在与汤姆逊公司的相争中，法国通用电气公司赢得了总统的支持，汤姆逊公司不再进入裁判团。这是两个游说团体斗争的一个重要案例，通用电气公司有史以来就与汤姆逊公司立场非常不同，双方处于对立状态。在消费市场上两家都有自己的领地。汤姆逊已经开始开发电话系统，这对通用电气完全不友好，通用电气想要消除竞争者，削弱汤姆逊的竞争力。所以他们成功说服了总统，CYCLADES 项目应该被丢进垃圾桶。

1974 年，我失去了工作，因此那段时间我一直在找工作，不仅写论文，还在大学教数据通信。实际上，我所做的就是去研究实验室——法国通信，法国电话系统叫 CNET①，它是一个国家电信研究中心。当我在 INRIA 工作时，由于开展一些项目，我也成了一个标准化项目的成员，

① 法国电信（France Telecom）成立于 1988，总部位于巴黎。在此之前，它是法国邮政和通讯局的一个分支机构。法国电信拥有欧洲首屈一指的法国国家通信研究中心（CNET）。CNET 是法国邮电部所属的研究机构，也是在法国与汤姆逊公司齐名的从事半导体器件与应用研究最有代表性的国家研究中心。

由于这些项目需要在法国和国际上举办会议进行讨论，包括日内瓦的会议，因此我开始了解标准化系统，也认识标准化小组中的人。

访谈者：那您是如何教育孩子的？

路易斯 · 普赞：我倒没有怎么教育他们，他们经常会看我工作。他们在家时会说，“他正在楼上工作”。

访谈者：您为他们树立了一个榜样。

路易斯 · 普赞：是的，基本上是吧。他们还年轻，上了大学，但他们没有攻读更高学位。我对他们采用自由教育。有时我会帮助他们做数学练习，或者一起看看他们写的一些文书，这些文字有时候不太好懂。我每天都很忙，除了度假，我在家的时间很短。但我们会在度假时滑雪，或徒步旅行，或访问其他国家。你知道，当我和我的妻子一起访问其他国家时，像去印度或者一些非洲国家等，我们要是带着 8 到 12 岁的孩子去这些地方并不太容易，他们太小了。但我妻子那边有一个大家庭，有很多堂兄弟等，有时候我们可以把孩子放在她家人那儿。

访谈者：您怎么概括自己？是一个科学家，是一个工程师，还是什么角色？

路易斯·普赞：我不知道。我不知道自己是个什么角色。起先，我并不了解计算机产业。还有，我不知道关于计算机的任何事情，因为那时候没有计算机。这些都是在计算机发展过程中发展出来的概念。换句话说，这不需要对价值、阶级、健康，或者对天文学等有极高的理解力。这是一个全新的东西。

因此，你不必吸收现存的大量知识才能变得高效。你不需要知道很多东西，只需要富有想象力，并且能找到解决问题的方法，利用你所知道的任何事物来发明一种方法、解决一个特定的问题，这就是计算机技术。当然，你需要了解最基础的技术知识。但是在那个时候，做到这一点是十分容易的，因为当时计算机技术在起步阶段。

访谈者：您觉得这一生对您影响比较大的人是谁？

路易斯·普赞：让我想想看。一些人可能对我产生了影响，但不是长时间的影响，因为他们了解我所不了解的事物，所以我可以学习他们对某些事物的理解，就是这样。我的生命中没有一位所谓的“英雄”。我想，这会是很危险的。因为，他们想要你的思考方式与他们的相同，这会让人负担过重。我曾一直接受其他人的观点，即使他们并没有做自己应该做的事情。但是至少我并没有随意接受任何人的观点，我只想看看你是怎样做到的，你花费了多长时间，你的成本是多少，等等。所以关于技术，我并没有什么起源之处。

我还想说，尽管我年轻的时候曾经是一名宗教信奉者，但是我也逃离了宗教的桎梏，我并不反对宗教，除非它真的对我产生什么影响，但其实并没有。

访谈者：所以，您是您自己的英雄。

路易斯 · 普赞：或许可以这样说。对于“英雄”这个词，我想我理解得并不是很透彻。这是人们脑海中的，并不是我头脑中的。

访谈者：您如何定义您自己？

路易斯 · 普赞：我是一个务实的人，喜欢尚未完全已知的事物。我想拥有一个想象的空间，可以让我找到做事情的新方法。新的小事物就好，并不需要太多。我只做我需要做的事情。我并不总是寻找新的理论，或许并不是和其他人一样普通。因为我对金钱并不是很感兴趣，这看起来有点与众不同。

访谈者：对您来说，钱只要够用就可以了吗？

路易斯·普赞：我很满足，也一向有足够的钱来过幸福的生活。但是，我认为，有足够的钱去做任何想做的、渴望做的事情，这并不符合实际，也不够现实。所以我离开了，决定去研究我能做的事。我认为应该有足够的钱来让我做我喜欢的研究，但并不是任何事情。

访谈者：您是如何保持身体健康的？

路易斯·普赞：我很自然地能够体会到一种被限制的感觉，我能够接受这一事实，我的身体和大脑都能够接受，所以我避免接近生活中危险的事物。我过去经常喝酒，这感觉很好。现在的结果是，我在这方面没有问题，我的身体在变老、机能在退化，但我并不像同龄人那样显老。

昨天，当我看照片时，我看到自己是那么的苍老，但是没有人能够控制变老的过程。如果你不能战胜自然，就只能活到身体状况所允许的年龄。如果你处在身体允许的范围之内，那也就是说对健康并没有造成威胁。幸运的是，我的身体并没有出现什么问题。

生老病死是无法避免的。比如说，一两年之前，我的心脏发生了一些变化，我会接受这个变化。所有的事情就在那里。在此之前我并没有收到什么身体的预警信号。当然，我会发现做一些事情越来越困难，比如说爬山，类似的还有跑步，这意味着大脑的机能也在退化。我经历过三四次这样的事，所以我去看医生，医生们进行了会诊，并且为我做了心血管手术。之后我又能像以前那样爬山了，除了没有之前那样的肌肉。现在我在接受采访，对于我这个年纪来说，这一活动强度也够大了。

访谈者：您觉得您现在的生活怎么样？

路易斯 · 普赞：我在巴黎生活了大约 20 年。有两年半我在法国南部尼斯生活，在那儿教书。现在我生活在巴黎。

访谈者：您现在依然每天工作到很晚吗？

路易斯 · 普赞：我现在依然在晚上工作，通常是这样，这是我的风格。我也不知道为什么，或许是因为夜晚很安静，没有噪声，可以让我集中注意力地工作好几个小时而不受打扰，我觉得这样很舒适。我第一次通宵没有休息是去参加了一次舞会回来之后，当时大约是早上六七点钟。我想，这个时候为什么还要上床睡觉呢？在天气晴朗的日子，我会骑自行车到巴黎城郊观光。但我也认为，不能一整晚不休息。理想的情况是，我慢慢习惯了晚上做一些其他事情或者休息。

访谈者：一般都熬夜到几点呢？

路易斯·普赞：或许会熬夜到凌晨一点，渐渐变成凌晨两三点。当有紧急工作时，我可能会熬夜到凌晨五六点钟。如果睡得太多，就很难再回到工作状态中。

访谈者：一天睡多久呢？

路易斯·普赞：一天大约睡五六个小时，有时候少一些，有时候多一些。这并不意味着我需要这么长时间的睡眠，只代表着我没有别的事情可以做。

访谈者：您 2019 年的身体状况看起来比 2018 年好。

路易斯·普赞：那个病已经好了。我就等着，不知道下一个毛病会是什么。他们给我拔了一颗牙，这也不是什么离奇的事情。我所认识的法国人多半是因为得了疟疾、心脏病或出了事故才去世的。如果没有这一类致命的疾病，法国人通常能活到 92、93 岁，到了 95 岁，身体会逐渐变得没有那么高效，一些人会活到 100 多岁。2019 年我去美国计算机历史博物馆领奖，有四五个人为我颁奖，其中有一位法国女性 100 多岁了，不过现在她去世了。她所做的计算让美国宇航局的第一颗卫星成功在月球着陆，是非常棒的事情。中国人在这方面做得更好，中国的卫星在月球的另一面——看不见的那面着陆，跟美国宇航局差不多是在同一时间。

访谈者：希望我们每年都能够在欧洲见面，然后好好聊一聊。

路易斯 · 普赞：也许可以吧。再过个五六年，我可能依然健康地活着。但是比五六年更长的时间呢？我就不确定了。这是无法预测的事情。

访谈者：我想您比其他人更长寿，是因为您睡眠少。

路易斯 · 普赞：我认为并不是这样。有很多比我长寿的人，他们住在乡下，做着简单的工作，种花或者其他的事情，过着一种非常宁静祥和的生活，可以让人更加长寿。现在有些人会做超越自身能力的危险的事情，这样不是特别好。

访谈者：谢谢您。

路易斯·普赞访谈手记

方兴东

“互联网口述历史”项目发起人

路易斯·普赞，“法国互联网之父”，人称“被遗忘的互联网第五人”。他不但为我们开阔了互联网早期起源故事的新视野，也让我们进一步了解了欧洲在互联网诞生过程中扮演的重要角色。

2017年12月18日至21日，联合国互联网治理论坛回到了日内瓦联合国大本营。意外之喜常会有，能够采访到“法国互联网之父”普赞就是这次参会最大的惊喜。上半年我们和普赞在日内瓦见面，约好了下半年有充裕的时间时请他好好讲述他的互联网历程。这次来欧洲，我们发了邮件约时间，他一直没有回应，我们还以为这次可能要失之交臂了。

结果，就在上午的网络金砖国家论坛上，在我发言之前，普赞的伴侣过来和我们说话，我们才发现普赞也来了。欣喜之情难以言表。我们就约好下午 4 点，在联合国日内瓦总部 E 楼 3006 房间，开始普赞的互联网口述历史之旅。

当时马上就 87 岁的普赞，虽然语音轻缓，但思路清晰，对我们讲述了半个多世纪的互联网故事，他的工作曾直接启发了“互联网之父”中温顿 · 瑟夫和鲍勃 · 卡恩的工作。如今，人们都说互联网是美国发明的，但我们千万不要轻易忽略欧洲在这中间的贡献。普赞以及英国几位科学家更早期的工作，都直接影响和促进了互联网的诞生。更何况，万维网就诞生在日内瓦（我们第二天上午去访谈了万维网的诞生地欧洲核子研究组织）。

2018 年 11 月，联合国互联网治理论坛（IGF）移师巴黎。与普赞的见面当然是必须的。我们之前在日内瓦做了一次访谈，这次 IGF 来到他的大本营巴黎，我想着肯定要和他好好一聚，争取再补充访谈。果然，11 月 12 日一早，我们就在会场的展览区遇到了他和他的伴侣。我首先邀请他参加第二天我们主办的工作坊，可惜他当天晚上就要飞往上海，否则，我们的论坛又可以多一位重量级的“互联网之父”。不过，他很爽快地答应下午 4 点接受访谈，但因为身体状况，访谈时间不能超过一个小时。

下午4点，马克龙还在开幕式上侃侃而谈他的互联网治理理念的时候，我们就提前出了会议室。室外温度低，会务组也没有多余的空房间可以提供。我们只能在室内的一个角落，找了一个相对安静的地方，闹中取静，拿来两把椅子，拉开了访谈的架势。

这次我希望他重点谈谈20世纪60年代和70年代欧洲和美国的网络研究的对比，也聊聊他与郭法琨的交往和对郭法琨的评价。这些半个世纪前的史料，只有他们这些先驱才能提供，值得好好挖掘，是很难得的宝藏。聊了不到一个小时，因为普赞时常咳嗽，我们只能打住，寄希望于以后有机会，再挖掘更多珍贵的内容。

2019年4月9日，我们与普赞在日内瓦信息社会世界峰会再次相遇，开始了我们对普赞的第三次访谈。我们和普赞已经是不一般的老朋友了。我们的第一场关于互联网诞生50年的工作坊，最担心时间太早人气不够。结果，普赞给了我们意外之喜——会议刚刚开始不久，他就在老伴的陪同下，直接推门而入。他们是从机场直接赶到了我们的会场，这让我内心非常感动。普赞所做的已经远远超出了对一场活动的支持。有他坐在我们的主席台上，我感觉这个工作坊才与主题真正相称，才配得上互联网50年历史。

将近两个小时的访谈轻松愉快，看起来，他这一次的身体状况比上次还好。他笑着说，那是因为他的心脏动过手术，加了一个泵，“管道加粗了”。像普赞这样的互联网先驱，真正是为了改变世界、影响世界而工作，他们的存在，是这个时代最弥足珍贵的财富。与他的对谈，是记录历史，也是老朋友之间难得的交流。

2019 年 11 月联合国互联网治理论坛在柏林举行。我们的项目申请到了一个展台，正在布置的时候，我们发现年近 90 的普赞就在我们隔壁，也来“摆摊”，推动他革命性的 RINA 计划，继续网络创新和变革。这种精神无与伦比。算起来，从日内瓦、巴黎到柏林，我俩已经是第三次一起“摆摊”了。我们两位“摊主”惺惺相惜，马上相互拜访一下彼此展台，这很有必要。12 月 6 日，普赞还将飞到深圳，参加我们主办的致敬互联网 50 年的特别会议。

2019 年 12 月 6 日下午 2 点，以“数字纪元　薪火相传”为主题的“互联网 50 年纪念论坛”在深圳前海深港青年梦工场举办。来自中国、美国、英国、法国、新加坡、日本、韩国等多个国家的业界专家、学者，互联网企业家、从业者齐聚一堂，回望互联网来路，展望数字未来，共同致敬互联网 50 年。会议中，路易斯 · 普赞做了“从数据报到下一代互联网”的分享，回顾了自己从事的互联网研究工作。2012 年，81 岁高龄的他建立了 Open-Root 公司，促进互联网名称与数字地址分配机构顶级域名的独立。如今，普赞还每天工作 15 个小时以上，进行技术开发和架构改造，为改善今天的互联网而努力。我们与他约好，每年都要相聚一次。

生平大事记

1931 年 4 月 20 日

出生于法国中部涅夫勒省的尚特奈-圣伊姆贝尔。

1950—1952 年　19～20 岁

在巴黎综合理工大学学习。

1953 年　21 岁

以初学者的身份加入海军并服役一年。

1954 年　22 岁

被阿尔卡特的 CIT 公司录用，隶属法国通用电气公司。

20 世纪 50 年代后期

加入布尔公司。

1963—1965 年　32～34 岁

在麻省理工学院，参与相容分时系统与 Multics 的开发。

1964 年至 1965 年间，路易斯 · 普赞首次提出“壳层”的概念。稍后这个概念被麻省理工学院的施罗德（Glenda Schroeder）在 Multics 计划中首次实现。Multics shell 是 Unixshell 的前身，现在仍在使用。

1966 年　35 岁

加入霍尼韦尔公司。

1967—1969 年　36～38 岁

为法国气象局 Météo 开发了一个操作系统，使用 Control Data6400 作为硬件。该系统是为天气预报和统计而创建的，被使用了 15 年。

1969 年　38 岁

加入辛克莱公司，将打印机或输出设备的语言调整为法语。

1970 年　39 岁

加入法国信息和自动化研究机构。

1972 年　41 岁

领导法国建立自己的“阿帕网”——CYCLADES。

1973 年　42 岁

第一个 CYCLADES 网络连接面世，在巴黎和法国东南部城市格勒诺布尔公开建立起首个网络连接。

1997 年　60 岁

因“在无连接分组通信方面的开创性工作”获得了美国计算机协会 SIGCOMM（数据通信专业组）奖。

2002 年　71 岁

参与创建 EUROLILC，这是一家非营利性组织，目标是促进多语言域名建设。

2003 年　72 岁

组织召开第一届信息社会世界峰会。同年，被法国政府授予了“法国总统颁授骑士勋章”，这是法国最高的荣誉之一。

2011年11月　80岁

创立了 Savoir Faire，一家另类的根公司。

2012年　81岁

建立了 Open-Root 公司，它完全独立于互联网名称与数字地址分配机构之外销售顶级域名，促进免费二级域名的开发。同年，被国际互联网协会评为国际互联网名人堂成员。

2013年　82岁

获得伊丽莎白女王工程奖。

2016年　85岁

获得全球 IT 奖（the Global IT Award）。

2018年　87岁

被授予高级骑士勋章（Officer of the Legion of Honor）。

“互联网口述历史”项目致谢名单

（按音序排列）

Alan Kay
Bernard TAN Tiong Gie
Bill Dutton
Bob Kahn
Brewster Kahle
Bruce McConnell
Charley Kline
cheng che-hoo
Cheryl Langdon-Orr
Chon Kilnam
Dae Young Kim
Dave Walden
David Conrad
David J. Farber
Demi Getschko
Elizabeth J. Feinler
Eric Raymond
Esther Dyson
Farouk Kamoun
Franklin Kuo
Gerard Le Lann
Gordon Bell
Håkon Wium Lie
Hanane Boujemi
Henning Schulzrinne
Hock Koon Lim
James Lewis
James Seng
Jean Francois Groff
Jeff Moss

John Hennessy
John Klensin
John Markoff
Jovan Kurbalija
Jun Murai
Karen Banks
Kazunori Konishi
Koichi Suzuki
Larry Roberts
Lawrence Wong
Leonard Kleinrock
Lixia Zhang
Louis Pouzin
Luigi Gambardella
Lynn St. Amour
Mahabir Pun
Manuel Castells
Marc Weber
Mary Uduma
Maureen Hilyard
Meilin Fung
Michael S. Malone
Mike Jensen
Milton L. Mueller
Mitch Kapor
Nadira Alaraj
Norman Abramson
Paul Wilson
Peter Major
Pierre Dandjinou
Pindar Wong
Richard Stallman
Sam Sun
Severo Ornstein
Shigeki Goto
Stephen Wolff
Steve Crocker
Steven Levy
Tan Tin Wee
Ti-Chaung Chiang
Tim o'Reily
Vint Cerf

Werner Zorn
William J. Drake
Wolfgang Kleinwachter
Yngvar Lundh
Yukie Shibuya
安 捷
包云岗
曹 宇
陈天桥
陈逸峰
陈永年
程晓霞
程 琰
杜康乐
杜 磊
宫 力
韩 博
洪 伟
胡启恒
黄澄清
蒋 涛

焦 钰
金文恺
李开复
李 宁
李晓晖
李 星
李欲晓
梁 宁
刘九如
刘 伟
刘韵洁
刘志江
陆首群
毛 伟
孟 岩
倪光南
钱华林
孙 雪
田溯宁
王缉志
王志东

魏 晨
吴建平
吴 韧
徐玉蓉
许榕生
袁 欢
张爱琴
张朝阳
张 建
张树新
赵 婕
赵 耀
赵志云

致读者

在“互联网口述历史”项目书系的翻译、整理和出版过程中，我们遇到的最大困难在于，由于接受访谈的互联网前辈专家往往年龄较大，都在80岁左右，他们在追忆早年往事时，难免会出现记忆模糊，或者口音重、停顿和含糊不清等问题，甚至出现记忆错误的情况，而且他们有着各不相同的语言、专业、学术背景，对同一事件的讲述会有很大的差异，等等，这些都给我们的转录、翻译和整理工作增加了很大的困难。

为了客观反映当时的历史原貌，我们反复听录音，辨口音，尽力考证还原事件原委，查找当年历史资料，并向互联网历史专家求证核对，解决了很多问题。但不得不承认，书中肯定也还有不少差错存在，恳切地希望专家和各界读者不吝指正，以便我们在修订再版时改正错误，进一步提高书稿内容质量。

联系邮箱：help@blogchina.com